六氟化硫绝缘设备环保检修技术及应用

魏　钢　李翠英　曹政钦

胡　敏　杨　滔　江世雄　著

中国水利水电出版社

www.waterpub.com.cn

·北京·

内 容 提 要

　　六氟化硫（SF_6）气体是目前电力行业使用最广泛的绝缘介质，六氟化硫电气设备内会放置吸附剂以控制水分和 SF_6 分解产物含量。SF_6 气体的温室效应是二氧化碳（CO_2）的 23900 倍，吸附剂会吸附毒性较强的 SF_6 分解产物，若不及时回收、处理废弃 SF_6 气体与退役吸附剂等检修废弃物，将会对环境造成严重危害。

　　本书对六氟化硫设备检修主要废弃物进行了分析，介绍了 SF_6 气体和吸附剂的环保处理技术、系列回收处理装置以及工厂化环保检修基地。本书通过对六氟化硫电气设备检修废弃物环保处理技术及运用的阐述，使读者对六氟化硫电气设备检修废弃物循环利用具有较全面的认识。

　　本书可为电力系统从事运行维护和管理的人员完成相关项目提供技术指导，也可为大专院校相关专业师生学习了解相关知识和内容提供参考。

图书在版编目（ＣＩＰ）数据

　　六氟化硫绝缘设备环保检修技术及应用 / 魏钢等著
. -- 北京：中国水利水电出版社，2020.10（2024.1重印）
　　ISBN 978-7-5170-8966-7

　　Ⅰ．①六… Ⅱ．①魏… Ⅲ．①六氟化硫气体－过滤设备－设备检修 Ⅳ．①TM213

　　中国版本图书馆CIP数据核字(2020)第202001号

策划编辑：寇文杰　　　　责任编辑：高双春　　　　封面设计：梁　燕

书　　名	六氟化硫绝缘设备环保检修技术及应用 LIUFUHUALIU JUEYUAN SHEBEI HUANBAO JIANXIU JISHU JI YINGYONG	
作　　者	魏　钢　李翠英　曹政钦　胡　敏　杨　滔　江世雄　著	
出版发行	中国水利水电出版社 （北京市海淀区玉渊潭南路 1 号 D 座　100038） 网址：www.waterpub.com.cn E-mail：mchannel@263.net（万水） 　　　　sales@waterpub.com.cn 电话：（010）68367658（营销中心）、82562819（万水）	
经　　售	全国各地新华书店和相关出版物销售网点	
排　　版	北京万水电子信息有限公司	
印　　刷	三河市华晨印务有限公司	
规　　格	170mm×240mm　16 开本　10.5 印张　123 千字	
版　　次	2020 年 10 月第 1 版　2024 年 1 月第 2 次印刷	
定　　价	59.80 元	

前　　言

随着科技的发展，SF_6气体凭借其优异的电特性，在电力系统中成为电气设备主要的绝缘和灭弧介质，六氟化硫绝缘设备内会放置吸附剂用以控制水分和SF_6分解产物含量。SF_6分解产物具有很强的毒性和腐蚀性，吸附剂会吸附毒性较强的SF_6分解产物，因此，SF_6气体及吸附剂在检修时必须更换，成为检修的主要废弃物。六氟化硫绝缘设备检修废弃物若不及时回收、处理将会污染和破坏环境，引起温室效应，引发土壤污染。

本书对六氟化硫绝缘设备检修主要废弃物的主要有毒有害成分进行了分析，介绍了SF_6气体和吸附剂的环保处理及回收再生技术、各种环保处理装置以及环保检修基地。通过对六氟化硫绝缘设备检修废弃物环保处理技术及运用的阐述，使读者对六氟化硫绝缘设备检修废弃物循环利用具有较全面的认识。

本书由重庆科技学院魏钢教授、李翠英讲师、曹政钦博士、胡敏实验师，国网重庆市电力公司杨滔高级工程师，国网福建省电力有限公司江世雄高级工程师撰写。全书共分七章，第一章介绍主要六氟化硫绝缘设备及环保检修方法，由李翠英编写；第二章为六氟化硫绝缘设备检修主要废弃物分析，由魏钢编写；第三章介绍SF_6气体再生技术，由魏钢、江世雄编写；第四章介绍SF_6气体不停电处理技术，由曹政钦编写；第五章介绍SF_6吸附剂处理技术，由魏钢、胡敏编写；第六章介绍六氟化硫设备环保检修技术应用，由魏钢、杨滔编写；第七章介绍新型环保气体，由李翠英编写。

全书由魏钢、李翠英统稿修改，由魏钢主审。国网重庆市电力公司刘航高级工程师提出宝贵意见和建议，同时也得到河南省日立信股份有限公司的大力支持和帮助，在此一并表示感谢。

由于作者水平有限，书中难免存在许多不足，敬请读者提出批评和改进意见。

作　者

2020 年 9 月

目　　录

第一章　概述

近年来，我国电力行业得到跨越式发展，电力设备规模也持续扩大。六氟化硫绝缘设备由于具有占地面积少、项目建设周期短、运行维护量少和可靠性高等优点，被广泛应用于电力系统中。

我国最早的六氟化硫绝缘电气设备使用已超过 20 年，逐步进入检修周期，大量吸附剂也存在着回收和处理的问题，因此，具有电网停电时间短、设备检修质量和效率高、环境友好等特征的环保检修方法的研究对适应我国未来智能坚强电网绿色健康发展至关重要。

第一节　六氟化硫绝缘设备

SF_6 气体具有高介电强度特性和稳定的化学性质，是一种综合性能优于油和空气的高电压绝缘介质材料。凭借其优异的电特性，SF_6 气体在电气设备中得到广泛应用，如气体绝缘高压断路器（GCB）、气体绝缘高压变压器（GIT）、六氟化硫封闭式组合电器（GIS）、充气输电管线（GIL）等。

一、六氟化硫绝缘高压断路器

GCB 是利用压缩的 SF_6 气体作为灭弧和绝缘介质的开关设备，用以切断额定电流和故障电流、转换线路，实现对高压输变电设备的控制和保护，并配以操作机构进行分、合闸及自动重合闸操作。GCB 适用于频繁操作及要求高速开断的场合，特别是 126kV 以上的设备几乎全部选用 GCB。

1. GCB 的结构

GCB 有两种布置形式，分别为瓷柱式结构和罐式结构。

瓷柱式结构 GCB 由操作机构、电气控制柜和三个独立的单相断路器本体组成，灭弧室内充有额定气压的 SF_6 气体。

罐式结构断路器大多采用双向纵吹式灭弧室，分闸时，通过拐臂箱传动机构带动气缸及动触头运动。灭弧室充有额定气压的 SF_6 气体。

例如，GL314 型断路器由三个极组成，每个极有三部分：灭弧室、支柱、传动箱。每个极由弹簧操作机构驱动。操作机构按其设计数量可分为两种，一种是一个操作机构完成三相机械联动，其结构如图 1-1 所示；另一种是三个操作机构完成单相分别操作或三相电气联动，如图 1-2 所示。

1-灭弧室；2-支架；3-操作机构

图 1-1　一个操作机构断路器

1-灭弧室；2-支柱；3-传动箱

图 1-2 三个操作机构断路器

2. 灭弧室结构

断路器在开断的过程中，产生电弧，同时产生大量的热，温度升高到 1700℃～2200℃时，SF_6 气体的分解速度加快，而 SF_6 气体分解需要吸收大量的热，对电弧的冷却作用强，其灭弧室的结构如图 1-3 所示。

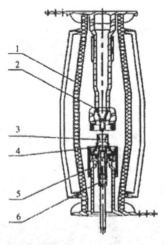

1-瓷套；2-静弧触头座装配；3-喷管；4-动弧触头；5-压气缸；6-拉杆

图 1-3 灭弧室结构简图

3．GCB 的优缺点

GCB 的开断能力强，断口电压便于做得较高，允许连续开断次数较多，适用于频繁操作、噪声小、无火灾危险、机电磨损小等工作状况，是一种性能优异的"免维修"断路器。

在正常情况下，SF_6 气体是一种不燃、无嗅、无毒的惰性气体，但在电弧作用下，小部分 SF_6 会被分解，生成一些有毒的低氟化物，如 SO_2F_2、SOF_2、SF_4、SOF_4 等，可能影响人体健康，对金属部件也有腐蚀和劣化作用。

二、六氟化硫绝缘高压变压器

随着城市建设的发展，高层建筑、地下通道和建筑越来越多，为了保证供电的安全性、可靠性要求，特别是高层建筑防火要求，GIT 逐步发展起来，其具有防火防爆性能好、安装面积小、运行噪声低等特点。例如，东芝公司生产的 50MVA/110kV 气体绝缘变压器中，有大约三分之一产品为 GIT，其外形如图 1-4 所示。

图 1-4　50MVA/110kV 气体绝缘变压器

1. GIT 的结构

GIT 是通过变换交流电压、电流来传输交流电能的一种静止的电气设备。GIT 的结构基本与油浸式变压器相同，主要由箱体结构、有载调压装置、冷却装置、保护装置、出线装置五部分组成。其结构与设计上的不同点主要在于绝缘与散热冷却两个方面，根据冷却方式的不同，可分为自冷式、强气循环式、蒸发冷却式三种。

自冷式 GIT 的绝缘冷却介质是 SF_6 气体，器身置于充有 SF_6 气体的箱体中，铁芯和绕组中因损耗散发出来的热量，靠 SF_6 气体的自然对流和辐射作用，通过冷却器和箱壁散发到周围介质中。由于 SF_6 气体中绕组表面的散热系数比变压器油中的散热系数小一个数量级，因此自冷式 GIT 的容量一般不超过 5000kVA。

强气循环 GIT 常采用轴流式或侧流式气体循环风机增加气体流速，提高对流系数，以促进 SF_6 气体在箱体内流动。为获得更好的散热效果，容量超过 20MVA 的强气循环变压器可采用风冷却器强制空气冷却。

蒸发冷却 GIT 采用的是液-气两相绝缘材料，这种材料的沸点接近变压器器身的运行温度，汽化热大，常温下一般为液态，但当温度升高到变压器器身的运行温度时，该材料便会汽化，在汽化过程中可以从器身吸收大量汽化热，具有较好冷却变压器器身的效果。其中隔离式和喷别式两种 GIT 冷却能力较强，可应用于超高压、大容量领域。

2. 部分模块结构

（1）冷却系统。GIT 采用 SF_6 气体作为冷却介质，当气体压力为 0.22MPa 时，其密度仅为变压器油的 1/60 左右，因此为了获得与油浸变压器同样的冷却特性，GIT 中不仅设置了片式散热器及风扇，同时还增加了气泵进行气体动力循环。

根据变压器的容量大小，分别采用内部 SF_6 气体自然循环加散热器外部空气自然冷却（GNAN）方式，或变压器箱体内 SF_6 气体强迫循环加散热器外部空气自然冷却（GFAN）方式，或外加风扇的强迫空气冷却（GFAF）方式。

（2）绝缘结构。由于 GIT 的电场分布很不均匀，为改善电场分布，防止局部放电，会在绕组端部设置良好的静电屏蔽，必要时在螺钉、拐角处加上屏蔽罩。另外，GIT 常采用聚酯薄膜作为电磁线的包绝缘，这种材料能够承受 120～130℃ 的温度，比普通油浸式变压器中纸包绝缘电磁线的耐受温度提高了 15℃。

3. GIT 的优缺点

GIT 的防火性能好。SF_6 气体是不燃性气体，且物理、化学性能都十分稳定，相对而言，环氧树脂虽为难燃性材料，但仍具有一定的燃点，所以 GIT 的防火、防灾性能是最好的。

GIT 的占地面积小。其占地面积大致与同容量、同电压等级的油浸式变压器相当，但无须另设消防灭火设备，当配电装置采用 GIS 时，则可省去电缆头等附属设备，从而使变电所的占地面积大为缩减。GIT 由于没有储油柜，故相对油浸变压器而言，可使其高度降低 20%，重量轻 30% 以上，这对降低地下变电所的投资十分有利。

GIT 的价格昂贵。SF_6 气体的绝缘特性，受气压大小、电场均匀度、尘埃含量等的影响较大，因而 GIT 不仅结构较复杂，且对生产车间的环境条件与加工工艺等都要求较高，导致原材料成本增加，设备售价较高。

GIT 的散热能力差。SF_6 气体的散热能力较差，六氟化硫变压器的过负载能力仅为油浸变压器的三分之二左右。

三、六氟化硫封闭式组合电器

GIS 是指将一座变电站中除变压器以外的一次设备，包括断路器、隔离开关、接地开关、电压互感器、电流互感器、避雷器、母线、电缆终端、进出线套管等，封闭在充满绝缘气体的金属外壳内并经优化设计有机地组合成一个整体。

1. GIS 设备的结构

GIS 由断路器、隔离开关、接地开关、互感器、避雷器、母线、连接件和出线终端等组成，这些设备或部件全部封闭在金属接地的外壳中，在其内部充有一定压力的 SF_6 绝缘气体，故称为六氟化硫全封闭组合电器，如图 1-5、图 1-6 所示。

图 1-5　GIS 设备实物图

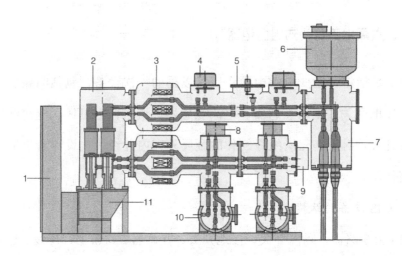

1-汇控柜；2-断路器；3-电流互感器；4-接地开关；5-出线隔离开关；6-电压互感器；

7-电缆终端；8-母线隔离开关；9-接地开关；10-母线；11-操动机构

图 1-6　钢壳体 GIS 外形图

根据安装地点，GIS 设备可分为户外式和户内式两种，如图 1-7、图 1-8 所示。

图 1-7　户外 110kV GIS 设备区

图 1-8   户内 110kV GIS 设备区

当站址周围存在以下情况时可建设全户内或半户内变电站。

（1）人口密度高、土地昂贵地区，特别是城市中心及负荷密集区。

（2）受外界条件限制，站址选择困难地区。

（3）特殊环境地区，如高地震烈度、高海拔和严重污染等地区。

GIS 户内式布置方案是解决土地紧张的有效措施，户内布置方案的费用虽在前期建设阶段略高于户外布置方案，但后期维护费用远低于户外布置方案，可有效解决户外运行 GIS 设备锈蚀严重、零部件故障率高等问题。

2. 各主要模块结构

（1）断路器模块。断路器组件由三相共箱式断路器和操动机构组成，其结构如图 1-9、图 1-10 所示。每相灭弧室有独立的绝缘筒封闭，灭弧室为单压式，采用轴向同步双向吹弧式工作原理，结构简单，开断能力强。

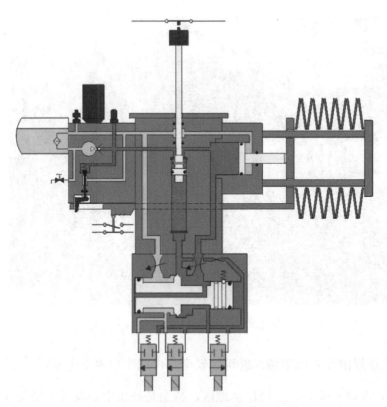

图 1-9　GIS 断路器的灭弧室

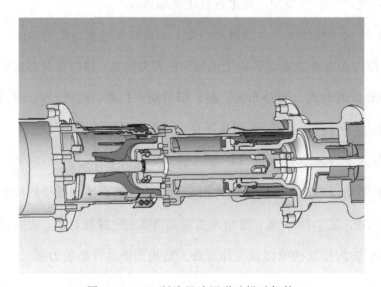

图 1-10　GIS 断路器液压弹动操动机构

（2）隔离开关和接地开关模块。隔离开关可以配手动、电动或电动弹簧机构。手动和电动机构主要用于无负载电流时分合隔离开关；电动弹簧机构用于需要切合电容电流、电感电流和母线转换电流的隔离开关。

接地开关同样可以配手动、电动或电动弹簧机构。手动和电动机构主要用于检修用接地开关；电动弹簧机构用于具有开合电磁感应电流、静电感应电流能力和需要关合短路电流的接地开关。接地开关可用作一次接引线端子，因此在不需要放掉 SF_6 气体的条件下，用于检查电流互感器的变比和测量电阻等。

隔离接地开关外形及内部结构如图 1-11、图 1-12 所示。

图 1-11　GIS 隔离接地开关组合外形

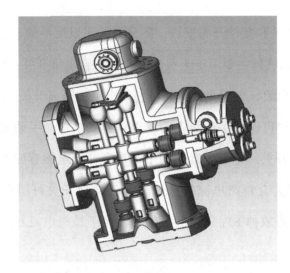

图 1-12　GIS 隔离接地开关组合内部结构

（3）电压互感器和电流互感器。电压互感器，其外形如图 1-13 所示，为电磁式电压互感器，二次绝缘材料为聚脂薄膜。

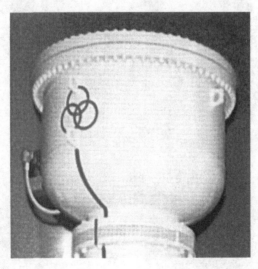

图 1-13　GIS 电压互感器外形

电流互感器为环形铁芯，有接地壳体封闭，其外形如图 1-14 所示。二次绝缘材料分为聚脂薄膜和环氧树脂两种。

图 1-14　GIS 电流互感器外形

（4）避雷器。避雷器为氧化锌型封闭式结构，有垂直或水平接口，主要由罐体盆式绝缘子、安装底座及芯体等部分组成，芯体由氧化锌电阻片作为主要元件，它具有良好的伏安特性和较大的通容量。其外形如图 1-15 所示。

图 1-15　GIS 避雷器外形

3. GIS 设备的优缺点

GIS 设备采用 SF_6 气体作为绝缘介质，具有很高的绝缘强度，灭弧能力更强，所能承载的容量更大；占地面积和空间小，检修方便，维护量小；各组成元件处于封闭的壳体内不易损坏，因而可延长检修周期。其外壳直接接地，运行安全可靠，受环境因素影响小。

同时，GIS 设备结构复杂，安装调试的要求较高，一旦内部元件发生故障，更换起来比较困难；并且 SF_6 气体在高温和潮湿环境下的分解物对人体有毒害作用。

四、充气输电管线（GIL）

GIL 是一种采用 SF_6 气体或 SF_6 和 N_2 混合气体作为绝缘介质、外壳与导体同轴布置的高电压、大电流的电力传输设备。它主要应用介于架空线路和电力电缆之间的高压或超高压输电，与电力电缆相比能够传输更大容量的电能。与架空输电线路相比更适用于高压和超高压远距离、大容量的电力传输。特别适用于气候恶劣、环境特殊的地区。同时也特别适用于电站厂房布置在地下的大型水电站引出线，以及抽水蓄能电站引出线、核电站和高压换流站、大型变电站站内联络线。

1. GIL 的结构

GIL 由同轴铝合金管体组成，主要包括轻质金属圆筒外壳、导电体、隔离和支撑绝缘子等，其结构如图 1-16、图 1-17 所示。导体采用铝合金管材，外壳采用铝合金卷板封闭。壳内充入气体作为内部绝缘，绝缘气体有第一代的 SF_6 气体、第二代的 N_2/SF_6 混合气体及第三代的干燥洁净压缩空气。轻质金属外壳具有弹性，使用弯角组件可任意改变方向。GIL 的形式有直管段、角度弯管段、T形管段、交叉管段、隔离管段和补偿管段等型式。GIL 无开断和灭弧要求，制造相对简单，可以选择不同的壁厚、直径和绝缘气体，能够较经济地满足不同要求。

图 1-16　第二代 GIL 的截面图

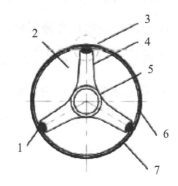

1-球形塑料滚珠轴承；2-绝缘气体；3-定位系统；4-绝缘子；

5 导体；6-颗粒吸附装置；7-螺旋焊接罐体

图 1-17　三柱式绝缘子结构图

2. GIL 的优点

GIL 的优点很多，主要是载流量很高，能够允许大容量传输。电容比高压电缆小很多，即使长距离输电，也不需要无功补偿。安全运行可靠度高，热能和电能损耗很少，节能效果好；在创建坚强智能电网方面可以集强电输送与信息技术业务于一体，无电磁干扰，辐射低，不影响无线通信；防护性能好，运行维护方便，故障率极低，抗冰雪和地震等灾害能力强，使用寿命长，设计使用寿命可达 50 年以上。安装方便灵活，可根据不同的情况要求，敷设在地面上，安装在隧道中，或者直接埋在土壤里，输电走廊和占地空间小，可节约大量土地资源。

第二节　六氟化硫绝缘设备环保检修

随着 SF_6 气体使用量的增大，对 SF_6 气体管控和电气设备可靠性的要求也越来越高。SF_6 气体放电过程中生成的多种分解产物都属有毒有害气体；电气设备的密封材料老化、有机材料的长时间释放、分子筛的饱和等因素都会造成气体湿度不同程度的增加，而湿度的增加会降低电气设备的绝缘性能，甚至导致闪络等故障，造成更多有毒有害物质的产生，给运维人员的人身安全和健康带来潜在威胁。同时随着六氟化硫绝缘设备的检修工作开展，大量吸附剂也存在回收和处理的问题。因此需要研究具有电网停电时间短、设备检修质量和效率高、环境友好等特征的环保检修方法。

一、传统检修

六氟化硫绝缘设备在正常运行过程中，出现的缺陷主要有：气体泄漏、气体微水含量过高、绝缘缺陷、机构故障等。

据统计，SF_6 气体泄漏是六氟化硫绝缘设备运行中最容易出现的故障之一，它不仅会造成电网停电、污染环境，严重的还会危害工作人员的生命安全，给社会和国家带来重大经济损失。直接补气成为六氟化硫绝缘设备不停电检修的主要工作之一，但 SF_6 气体长期的泄漏会带来环境污染问题，因此，泄漏严重时将考虑停电进行处理。

涉及六氟化硫绝缘设备充放气的检修工作较为复杂，需要停电、抽气、缺陷处理、充气、试验、送电等流程。传统检修模式一般采用现场检修方式，检修工具单一，效率低下，检修工作受到现场环境影响及条件限制，设备停电时间限制较大且安全风险较高，检修废弃物处理随意，污染环境，难以满足电网安全、环保、可靠发展的需要。

二、环保检修

通过 SF_6 气体再生回收技术、不停电处理绝缘气体湿度技术、SF_6 吸附剂环保处理技术以及六氟化硫绝缘设备工厂化环保检修技术及应用，提高 SF_6 气体循环使用效率，降低气体处理与设备检修对电网运行的影响，减少人身危害与环境污染。有助于降低电网设备检修成本，增强企业核心竞争力，也是解决电网规模发展的客观需要。

1. SF_6 气体回收再生技术

以高压开关内 SF_6 气体回收净化为研究对象，研究气体组分特征、气体检测、气体回收再生等关键技术，最终达到 SF_6 气体重复利用的目的。

通过对 SF_6 气体各分解物组分物化性质的研究、仿真和试验，根据净化过程中各杂质种类和浓度的变化对温度、压力等关键参数的函数关系，构建 SF_6 多组分气膜控制梯度传质非平衡模型，提出精制参数的差异化精细控制技术，实现对 SF_6 中主要的轻组分杂质的连续、高效分离，攻克氮气、氧气及其他多种难吸附物质的联合快速脱除难题。处理后的气体纯度可稳定在 99.9% 以上，满足 GB/T12022—2014《工业六氟化硫》要求。

2. 不停电处理 SF_6 气体技术

针对目前六氟化硫电绝缘设备没有在线除湿装置，只能进行停电检修的现状，通过 SF_6 气体回收净化中"分子筛"技术与"透析"技术相结合，设计了不停电 SF_6 气体自动除湿工艺，通过呼、吸原理置换电气绝缘设备中 SF_6 气体中的水分和分解产物及浮尘，对湿度超标电气设备中的 SF_6 气体进行带电干燥净化工作，实现在保证电气设备正常运行的情况下对其内部气体进行在线除湿、循环置换、动态监测的目的，避免了六氟化硫绝缘电气设备停电进行气体处理对电网安全运行造成的影响。

3. SF_6 吸附剂处理技术

将退役 SF_6 吸附剂进行有毒成分分析，了解其含量和特性。研究退役吸附剂热处理再生回收技术，形成初步常规热处理方法及真空热处理方法，使吸附剂的吸附能力获得较大程度恢复。有针对性地对吸附剂有毒的氟化物进行无害化处理的碱化实验研究，分析其处理方法，并进行化学试验，获得较好效果，通过高效的化学处理手段使得吸附剂中的含氟化合物以生成无毒沉淀氟化物的形式解决污染问题。出于对实际环境的考虑，对无害化处理后的吸附剂毒性及化学稳定性进行分析以满足环保要求，吸附剂处理后的固体废物可以当作一般工业废弃物处理，保证降低环境污染的同时又减少了深埋吸附剂工作的劳动强度。

4. 六氟化硫绝缘设备工厂化环保检修技术

为了保证检修工作正常进行，确保作业人员人身安全，提出工厂化环保检修方法。研制一批工厂化检修工器具，提高检修效率，提升工厂化检修工艺技术。实施工厂化检修作业，一方面能够避免天气条件对检修作业的影响，防止因此延误工期导致停电时间增加，造成严重经济损失；另一方面能够有效提高检修效率，同时改善现场作业环境，降低工作强度，提高检修质量，消除外界环境条件对检修过程的干扰和影响，以及对人身和环境的危害。

研制 SF_6 气体分级纯化再生装置、SF_6 气体在线净化装置、SF_6 吸附剂全智能化处理装置，并自主研发基于信息化支撑的工厂化环保检修管理系统以实现对整个工厂化环保检修流程的全过程信息化管理。通过硬件与软件的结合可实现回收的 SF_6 气体纯化再生处理为合格的新气，退役 SF_6 吸附剂智能化环保处理，工厂化检修提高了设备检修质量，缩短了检修停电时间，提升了检修能力和效率，确保电网安全稳定运行和电力可靠供应，同时，处理后的固体废弃物满足相关废弃物排放标准，减少了对人体的危害和对环境的污染，实现向"资源节约型、环境友好型"的现代检修模式的转变。

第二章　六氟化硫绝缘设备检修废弃物

随着国民经济快速发展和人民生活水平不断提高,我国电力行业设备规模持续扩大,SF_6气体以其优良的绝缘和灭弧性能被广泛应用于各类中、高压电气设备中,最早的六氟化硫绝缘设备已投运超过 20 年,将逐步进入检修周期。六氟化硫绝缘设备检修过程中,有大量 SF_6 气体及 SF_6 吸附剂等废弃物产生,危害人身健康和自然环境,因此开展 SF_6 气体及 SF_6 吸附剂性能分析,是实现六氟化硫绝缘设备环保检修的基础。

纯净的 SF_6 气体是一种无色、无嗅、无毒、不可燃的卤素化合物,其相对密度在气态时为 $6.16g/cm^3$(20℃,0.1MPa 时),在液态时为 $1400g/cm^3$(20℃时),在相同状态下密度约为空气的 5 倍。SF_6 气体的化学性质非常稳定,在空气中不燃烧、不助燃,与水、强碱、氨、盐酸、硫酸等物质均不发生反应;在低于 150℃时,SF_6 气体呈化学惰性,极少溶于水,微溶于醇;与电气设备中常用的金属及其他有机材料不发生化学作用。但 SF_6 气体在高温下能分解和游离出多种产物,主要是四氟化硫(SF_4)和二氟化硫(SF_2),以及少量的 S_2、F_2、S、F 等。电力行业通常是在温度为 $-40℃ \leqslant t \leqslant 80℃$、压力为 $P<0.8MPa$ 的条件下使用 SF_6,在这个范围内 SF_6 主要以气态形式存在。

第一节　六氟化硫绝缘设备内气体湿度与分解产物分析

一、SF₆气体湿度分析

SF₆气体中的湿度较高会影响其本身的绝缘性能，充入电气设备内会使固体绝缘件表面产生凝露，严重时产生沿面闪络。微量水分参与在电弧作用下 SF₆气体的分解反应，生成腐蚀性很强的氟化氢（HF）、氟化亚硫酰（SOF_2）等分解物，腐蚀电气设备的零部件，降低绝缘件的绝缘电阻和破坏金属件的表面镀层，对设备及人体危害很大。SF₆气体中的湿度越高，对电气设备的损害越大。

二、SF₆气体分解产物分析

1. SF₆气体分解产物理论分析

SF₆气体分解涉及复杂的物理化学过程，其影响因素包括放电能量、缺陷类型、水分含量、氧气含量、固体绝缘材料、电极材料、放电电压、放电电流等。

根据 IEC 60480—2004《从电气设备中取出六氟化硫（SF₆）的检验和处理指南及其再使用规范》，不管是哪种分解原因，其基本过程如下：SF₆气体在电弧放电、局部放电、火花放电或过热作用下首先分解为五氟化硫（SF_5）、四氟化硫（SF_4）、三氟化硫（SF_3）、F 等，这些活泼的分解产物进一步与气室中的氧气（O_2）、水分（H_2O）或金属等结合并发生化学反应生成 HF、四氟化亚硫酰（SOF_4）、SOF_2、氟化硫酰（SO_2F_2）、二氧化硫（SO_2）和金属氟化物等。可能的反应过程如图 2-1 所示。

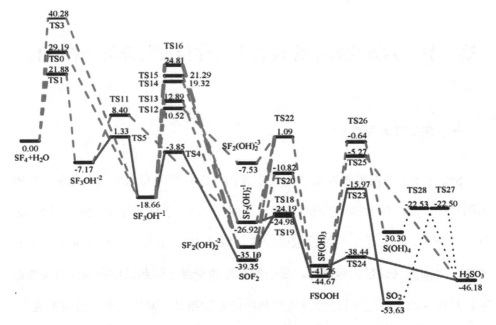

图 2-1　SF_6 气体分解作用机理

虽然在各种放电类型和故障类型下其分解过程基本类似,但是其分解结果却不尽相同。具体表现在:在不同放电条件下,各分解气体产物的生成量、生成速率、成分构成呈现出不同特点。

在局部放电(包括电晕放电和小间隙火花放电)下,由于能量比较小,所以分解产物的量很少。但在长期放电的情况下,分解产物也会累积得比较多。

在电弧作用下,SF_6 气体发生分解,并以 S 和 F 的单原子状态存在。但在灭弧后的瞬间大部分又迅速恢复成 SF_6 分子,高温还将导致金属蒸发,进而与 F 等反应产生大量的金属氟化物,如氟化铜(CuF_2)、氟化钨(WF_6)、氟化铝(AlF_3)、氟化铁(FeF_3)等。由于电弧放电能量较高,因此,在电弧放电作用下将产生大量的分解气体,出现局部放电下很少出现的气体成分,如SF_4 等。

水分和氧气都对电弧反应有影响,法国 Paul Sabatier 大学的 A.Derdouri

教授从水对 SF_6 局部放电分解产物的影响角度研究提出，在水分存在时，只有 SOF_2 和 SO_2F_2 是稳定的。美国 Oak Ridge 国家实验室的 Isidor Sauers 在 20 世纪 80 年代末从氧气对局部放电分解产物的影响角度研究提出，氧气的增加将使 SOF_4 和 SO_2F_2 增加，但对 SOF_2 的影响很小。

中国电科院通过对开关设备内部气体进行研究后提出，SF_6 开关设备由于内部绝缘缺陷导致导电金属对地放电及气体中的导电颗粒杂质引起对地放电时，释放能量较大，表现为电晕、火花或电弧放电。故障区域的气体、金属触头和固体绝缘材料分解，产生大量的金属氟化物、SO_2、SOF_2、硫化氢（H_2S）、HF 等。开关设备发生气体间隙局部放电故障的能量较小，通常会使气体分解产生 SO_2、HF 和 H_2S 等组分。因导电杆的连接接触不良，使导体接触电阻增大，导致故障点温度过高，当温度超过 500℃，设备内的气体发生分解，温度达到 600℃时，金属导电杆开始熔化，并引起支撑绝缘子的材料分解，此类故障主要生成 SO_2、HF、H_2S、氟化硫酰等分解产物。设备发生内部故障时，SF_6 气体分解产物还有四氟化碳（CF_4）、SF_4 和 SO_2 等物质，由于气室中存在水分和氧气，这些物质会再次反应生成稳定的 SO_2 和 HF 等。

2. 过热、局放下 SF_6 气体分解产物试验分析

通过搭建放电和过热模拟试验平台，开展试验研究，可以进一步分析 SF_6 气体中各种气体的成分比例，确定典型分解产物气体。

（1）放电和过热模拟试验平台搭建。模拟试验平台主要由电缆热循环试验系统、电流模拟仓、测温系统、分解组分检测单元 4 部分组成，该平台可模拟过热缺陷和局部放电缺陷，如图 2-2、图 2-3 所示。

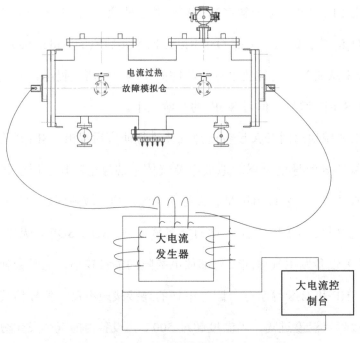

（a）接线图

（b）实物图

图 2-2　过热模拟仓

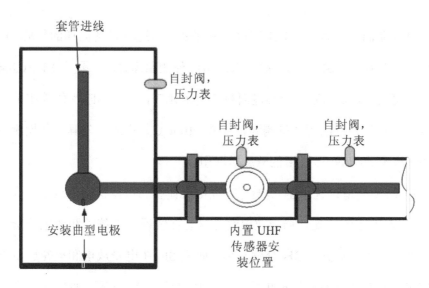

（a）内部结构图

（b）实物图

图 2-3　放电模拟仓

　　电缆热循环测试系统主要是为该装置提供大电流，其工作原理是利用原边的 50Hz 穿心变压器，由电缆试品形成变压器的次级线圈，使电缆试品产生短路大电流，在导体线芯上得到所需温度，利用该原理为过热模拟仓提供大电流，使其达到控制温度的目的。电流模拟仓内部采用与运行设备同样的材质，可充入气压为 0.7MPa 的 SF_6 气体。测温系统由红外测温窗体（可承受 0.1～0.8MPa 的压力，可耐 100℃高温，中心镜面材料为硫化锌，不与 SF_6 气体等相关产物发生反应）和红外测温源（可测温范围 0～1000℃）构成。分解组分检测单元主体为 5795C 与 7890A 气相色谱质谱联用仪。

（2）缺陷模型设置。建立内部针-板电极模型（可模拟电晕放电、火花放电），采用脉冲电流法配合局部放电绝缘状态在线诊断系统检测放电能量及电荷量，采用气相色谱分析 SF_6 分解气体，研究 SF_6 在电晕放电和火花放电下的分解情况，并对比分析不同放电能量、施加电压、SF_6 气压、吸附剂、含水量（250～2500μL/L）下 SF_6 的分解特性。针-板电极电晕放电试验回路如图 2-4 所示，针-板悬浮电位火花放电试验回路如图 2-5 所示。

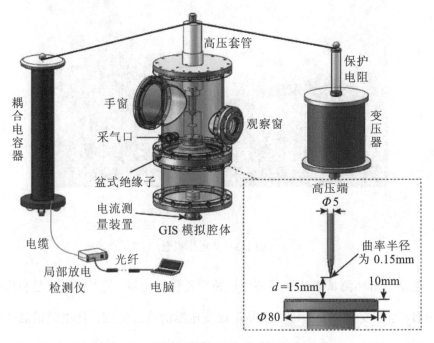

图 2-4　针-板电极电晕放电试验回路图

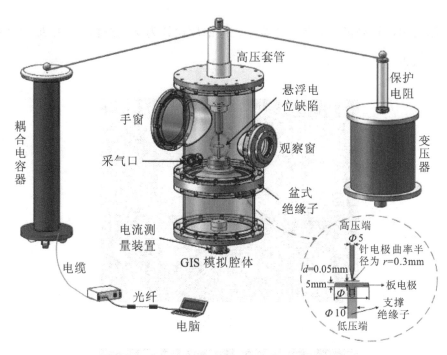

图 2-5　针-板悬浮电位火花放电试验回路图

设计了加热铜管和加热铜片两种过热缺陷模型，加热铜管缺陷模型如图 2-6 所示。设计铜管固定在加热仓内，两端以弹簧固定其空心铜管，中间以实心铜线填充，最热点设计在填充部分。

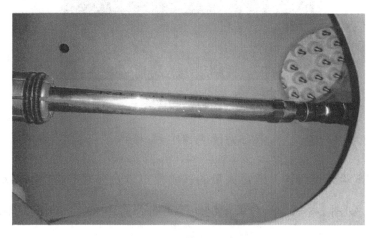

图 2-6　加热铜管缺陷模型

加热铜片缺陷模型如图 2-7 所示，将铜片设计为叉形结构，其中最窄处设计为最热点。

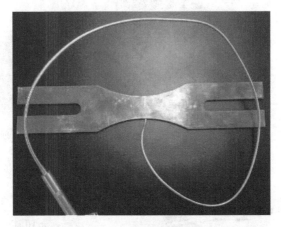

（a）叉形铜片

（b）内部结构

图 2-7　加热铜片缺陷模型

（3）试验结果讨论。通过大量的试验模拟以及分解产物检测，最终得到如下数据，如图 2-8 所示。分解产物的稳定组分为：SO_2、SO_2F_2、H_2S、CO、CO_2 等气体。

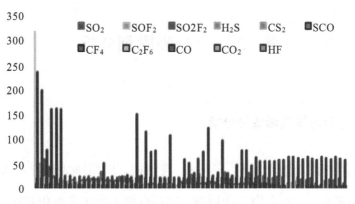

图 2-8　SF$_6$气体故障下混合气体含量比例

3. 电弧放电下 SF$_6$气体分解产物试验分析

通过对多次 GIS 设备故障时 SF$_6$气体分解产物进行试验检测，SO$_2$、SO$_2$F$_2$、H$_2$S、CO、CO$_2$ 等衍生气体含量较高，而 CS$_2$、HF 等气体含量相对较少且不稳定。以某 220kV 变电站 GIS 开关仓故障为例，220kV 纵联差动保护动作跳闸，重合不成功，初次最大短路电流达 12.39A（二次值），折合一次值为 30.98kA。再次故障时最大短路电流达 11.76A（二次值），折合一次值为 29.40kA。经解体检查判断开关仓内刀闸动触头导向屏蔽罩因铆冲不实，造成脱落至动触头铜杆上，且在掉落过程中对筒壁圆筒与直筒相贯线处放电，电弧能量严重灼伤了盆式绝缘子。气体分解产物试验检测结果见表 2-1。通过试验和故障设备分析，运行中的 SF$_6$气体中的稳定杂质成分包括 H$_2$O、SO$_2$、SO$_2$F$_2$、H$_2$S、CO、CO$_2$、CF$_4$ 等。

表 2-1　SF$_6$气体分解产物试验检测

气体组分	SO$_2$	SOF$_2$	SO$_2$F$_2$	H$_2$S	CS$_2$	SCO	CF$_4$	O$_2$	CO	CO$_2$	HF
结果/（μL/L）	460	180	1461	301	7	80	4000	0	14000	3800	180

第二节　SF₆吸附剂分析

一、SF₆吸附剂有毒成分分析

SF₆吸附剂的微观结构是一种分子筛结构，吸附剂表面存在大量孔径为30A左右的微孔，微孔之间互相联通，其具有极大的比表面积和比体积，同时具有极高的比表面能，对气体具有很强的吸附能力。由于微孔互相联通，导致被吸附气体很容易驻留在吸附剂体内，不宜脱附。退役吸附剂的实物及微观结构分别如图 2-9、图 2-10 所示。

图 2-9　退役吸附剂实物

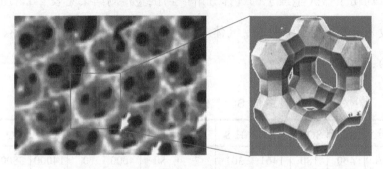

图 2-10　分子筛微结构

SF$_6$吸附剂主要用于脱除六氟化硫绝缘设备在运行中产生的和 SF$_6$气体自身带有的微量低氟化物、酸性物质及水分等。使用过的 SF$_6$吸附剂不可避免地吸附有一定的有毒有害成分。特别是开关频繁开断，经常产生电弧，会产生大量 SF$_6$降解产物，吸附剂吸附的 SF$_6$降解产物最多，对环境危害性最大。要对退役受污染的 SF$_6$吸附剂进行研究处理，首先就必须研究清楚退役受污染的 SF$_6$吸附剂内的有毒成分构成。下面将采用傅立叶红外光谱分析法和热重分析法来对退役受污染的 SF$_6$吸附剂的有毒成分进行分析。

二、傅立叶红外光谱分析

采用傅立叶红外光谱仪（图 2-11），对退役受污染的 SF$_6$吸附剂进行化学成分分析，得到傅立叶红外光谱图，再通过比对 SF$_6$气体分解产物红外光谱吸收波数据表，就可得出作为鉴定氟化物的红外吸收指纹区的吸收峰区间，以此测定出吸附剂的化学成分。

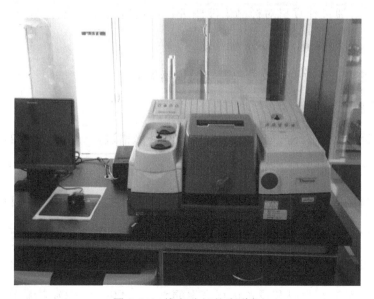

图 2-11　傅立叶红外光谱仪

1. 傅立叶红外光谱仪的工作原理

分束器（类似半透半反镜）将光源发出的光分为两束，一束经透射到达动镜，另一束经反射到达定镜。两束光分别经动镜和定镜反射再回到分束器，动镜以一恒定速度作直线运动，因而经分束器分束后的两束光形成光程差，产生干涉。干涉光在分束器会合后通过样品池，将含有样品信息的干涉光传送到检测器，然后通过傅立叶变换对信号进行处理，最终得到透过率或吸光度随波数或波长的红外吸收光谱图。

2. 实验步骤

第一步：用托盘天平秤取退役受污染的 SF_6 吸附剂样品 10g。

第二步：用玛瑙球磨罐将样品研磨均匀分散。

第三步：将研细的样品与蜡油调成均匀的糊状物后，涂于窗片上。

第四步：将窗片放置于傅立叶红外光谱仪上作红外干涉图测量，得到吸附剂样品的时域谱。

第五步：通过计算机对样品干涉图进行快速傅立叶变换计算，从而得到以波数为函数的频域谱，即红外光谱图。

第六步：记录数据，收拾整理实验仪器用品。

3. 实验分析

对退役受污染的 SF_6 吸附剂的傅立叶红外光谱进行分析，如图 2-12 所示。在 $3500cm^{-1}$、$1380cm^{-1}$、$1000cm^{-1}$、$758cm^{-1}$、$680cm^{-1}$、$569cm^{-1}$、$460cm^{-1}$、$448cm^{-1}$ 左右有明显的吸收峰，考虑测量过程重峰值漂移产生的测量误差，可以认为这些吸收峰分别为 SF_4、H_2O、Al_2O_3、SOF_2、SO_2、SOF_4、SO_2F_2、HF、SiO_2 物质基团的吸收峰。SF_4 由 SF_6 气体分子在设备局部放电或过热情况下分解产生；H_2O 来源于吸附剂自身和设备运行产生的水分；Al_2O_3、SiO_2 来源于吸附剂自身物质组成；SOF_2、SO_2、SOF_4、SO_2F_2、HF 是 SF_4 与 H_2O、-OH（来源于吸附剂表面）发生复杂的化学作用产生。以上分析表明，退役 SF_6 吸附剂表面和内部吸附了 H_2O、SOF_2、SO_2、SO_2F_2、SOF_4、SF_4、HF 等化学物质。

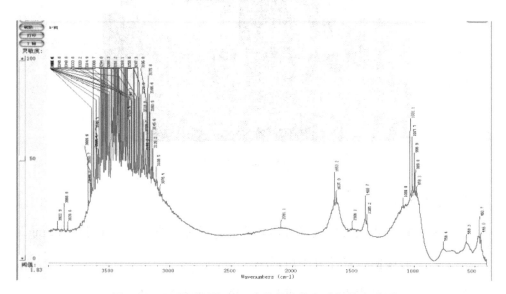

图 2-12   退役受污染 SF_6 吸附剂的傅立叶红外光谱图

三、热重分析

采用热重分析仪（图 2-13），对退役受污染的 SF_6 吸附剂进行吸附剂的热分解温度测定，得到吸附剂的热重曲线图，用以判定吸附剂中的物质的解吸附温度。

1. 热重分析仪的工作原理

测定天平梁的倾斜度，去调整安装在天平系统和磁场中线圈的电流，使线圈转动恢复天平梁的倾斜，由于线圈转动所施加的力与质量变化成比例，这个力又与线圈中的电流成比例，因此只需测量并记录电流的变化，便可得到质量变化的曲线。

图 2-13　热重分析仪

2. 实验步骤

第一步：用分析天平秤取研磨均匀的退役受污染的 SF_6 吸附剂样品 5mg。

第二步：将吸附剂样品置于坩埚中。

第三步：将样品坩埚装入热重分析仪内，静置预热 3h。

第四步：设定升温速度程序为 5℃/min，终止温度为 600℃，开始测量。

第五步：等待测量结束，得到热重曲线。

第六步：记录数据，收拾整理实验仪器用品。

3. 实验分析

采用热重分析仪测定吸附剂的热分解温度，通过其热失重曲线分析，如图 2-14 所示。SF_6 吸附剂从室温加热至 120℃左右的过程中，其重量损失较快，结合吸附剂傅立叶红外光谱分析结果，可判断此段失重区间主要由吸附剂表面水分和结合水的解吸附所致，其重量损失较大说明 SF_6 吸附剂吸附的主要成分为水。温度在 120℃至 300℃区间内，SF_6 吸附剂重量损失曲线较为平缓，此段区间是由 SF_6 气体降解产物解吸附所致，其重量损失曲线较为平缓说明 SF_6

吸附剂在此温度区间内，重量损失较少，吸附剂在运行过程中吸附的 SF_6 气体降解产物较少；SF_6 吸附剂在此温度区间内，重量损失温度范围很宽，即 SF_6 降解产物解吸附温度分布区间很宽，吸附剂吸附的 SF_6 降解产物有很多种，这与前面傅立叶红外光谱分析结果得出的结论相同。温度超过 300℃，虽然发生少量失重，但其重量趋向稳定，这说明水分和 SF_6 气体降解产物几乎完全从吸附剂上解吸附。

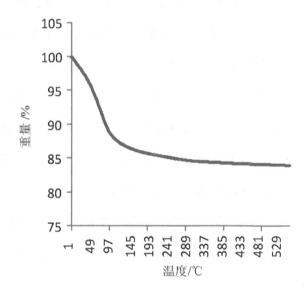

图 2-14　退役受污染 SF_6 吸附剂的热失重曲线图

由此可知，SF_6 吸附剂在服役过程中会吸附大量的水分，同时吸附 H_2O、SOF_2、SO_2、SO_2F_2、SOF_4、SF_4、HF 等 SF_6 降解产物。

第三章　SF₆气体再生技术

随着六氟化硫绝缘设备的长期广泛应用，大量设备已达检修年限，长时间使用的 SF_6 气体，在高压电场及设备放电等条件下产生腐蚀性毒害气体，影响电气设备安全运行。同时，SF_6 气体作为一种温室效应气体，其泄漏或检修期间的随意排放对人员健康和大气环境产生严重威胁。电网中 SF_6 气体的大量使用以及近年来我国对环境问题的关注日益增强，开展 SF_6 气体的回收、净化处理及再生利用工作，将废旧的 SF_6 气体转化为符合电力生产标准的合格气体，使净化处理后的 SF_6 气体重复使用于六氟化硫绝缘设备，既可以节约电网运行维护成本，又可以减少环境污染，具有十分重要的意义。

SF_6 气体是一种不易分解，化学性质稳定的化合物惰性气体，并具有较强的灭弧和绝缘特性，目前在 GIS 电气设备中应用十分广泛。同时，SF_6 在放电条件下，生成多种低氟硫化物，如：五氟化硫、四氟化硫、二氟化硫、十氟化硫等。同时，由于 GIS 在安装过程中不可避免的工艺问题，会混入极少量的水分与杂质，SF_6 在放电与过热的条件下就会与这些水分和杂质发生分解反应，分解产物主要有：二氧化硫、硫化氢、二氧化硫酰等。而据国内外资料表明，六氟化硫绝缘设备发生内部放电故障时，其分解的硫化物、氟化物、碳化物以及氟硫化物有上百种之多。

2014 年 7 月 8 日中国国家标准化管理委员会发布了 GB/T12022—2014《工业六氟化硫》，见表 3-1。

表 3-1　GB/T12022—2014《工业六氟化硫》指标

项目名称	指标
六氟化硫（SF_6）纯度（质量分数）/10^{-2}	≥99.9
空气含量（质量分数）/10^{-6}	≤300
四氟化碳（CF_4）含量（质量分数）/10^{-6}	≤100
六氟乙烷（C_2F_6）含量（质量分数）/10^{-6}	≤200
八氟丙烷（C_3F_8）含量（质量分数）/10^{-6}	≤50
水（H_2O）含量（质量分数）/10^{-6}	≤5
酸度（以 HF 计）（质量分数）/10^{-6}	≤0.2
可水解氟化物（以 HF 计）含量（质量分数）/10^{-6}	≤1
矿物油含量（质量分数）/10^{-6}	≤4
毒性	生物试验无毒

为了使得净化再生后的气体质量符合 GB/T12022—2014《工业六氟化硫》要求，需要开展 SF₆ 气体回收净化再生装备研制，使其能够有效去除 SF₆ 气体中的杂质。根据电气设备中 SF₆ 组分分析，开展"碱液洗涤—选择吸附—相变精制—深度固化—废气中和"的 SF₆ 分级纯化再生工艺研究，研制模块化的成套再生装备，实现对不同品质回收气体净化模式的智能选择和对净化过程中气体品质的自适应，实现 SF₆ 高品质、大容量和无污染再生。而上述气体杂质处理主要考虑三个方面，即水分和分解产物的处理、空气及其余杂质的处理，以及 SF₆ 和 N₂ 混合气体的处理。

第一节　SF₆ 气体中水分及分解产物的处理

SF₆ 气体分解产物的处理可以通过碱液洗涤和吸附等方式来实现，而碱液

洗涤主要应用于 SF_6 分解产物较多时，使得酸性分解产物与碱液发生中和反应，从而达到高效的净化作用；而吸附主要应用于气体中 SF_6 分解产物超标，在总量较少时使用，而电气设备内 SF_6 气体回收时，其分解产物含量大多为第二种情况，在这里我们主要分析水分及分解产物处理技术。

人们很早就发现木炭能吸附气体这一现象，如木炭可用来干燥、脱湿、除臭等。随着工业的发展，人们生活水平不断提高，吸附在人们生产与生活中扮演了一个越来越重要的角色。近年来，国内外学者们不断研究出新型吸附剂及吸附分离工艺，吸附剂与吸附分离技术在化学化工、医药环保、食品加工等行业得到了广泛的应用。

一、吸附剂的种类

目前工业上常用的吸附剂主要有活性炭、活性氧化铝、硅胶、分子筛等，见表 3-2。

表 3-2　常用的吸附剂

种类	性质
活性炭	活性炭具有非极性表面，是一种疏水、亲有机物的吸附剂，故又称非极性吸附剂。活性炭的优点：吸附容量大，抗酸耐碱，化学稳定性好，解吸容易，在高温下进行解吸再生时其晶体结构不发生变化，热稳定性高，经多次吸附和解吸操作，仍能保持既有的吸附性能
活性氧化铝	活性氧化铝为球状多孔结构物质，一般由氧化铝的水合物（以三水合物为主）加热、脱水和活化制得，典型表面积为 $200\sim500m^2/g$。活性氧化铝对水具有很强的吸附能力，故主要用于气体的干燥
硅胶	硅胶是一种坚硬无定形链状和网状结构的硅酸聚合物颗粒，是一种亲水性极好的吸附剂。因其是多孔结构，其表面积可达 $350m^2/g$ 左右。工业上用的硅胶有球形、无定形、加工成型及粉末状四种。主要用于气体的干燥脱水、催化剂载体及烃类分离等过程

种类	性质
分子筛	分子筛是具有特定且均匀一致孔径的多孔吸附剂,它只能允许比其微孔孔径小的分子吸附上去,比其大的分子则不能进入;分子筛是极性吸附剂,对极性分子,尤其对水具有很大的亲和力。由于分子筛突出的吸附性能,使得它在吸附分离中有着广泛的应用

二、吸附剂的选择原则

吸附剂的性能对吸附分离操作的技术经济指标起着决定性的作用,吸附剂的选择是非常重要的一环,一般选择原则为:具有较大的平衡吸附量;具有良好的吸附选择性;容易解吸,即平衡吸附量与温度或压力具有较敏感的关系;有一定的机械强度和耐磨性,性能稳定,具有较低的床层压降等。

三、吸附剂的比较

SF$_6$气体在故障下生成多种组分分解产物,如果六氟化硫绝缘设备发生故障泄漏,泄漏气体充斥设备室,将泄漏气体回收时,则必须对气体中的有毒有害气体以及水分进行处理,因此所选择的吸附剂不但要能去除水分和分解产物,而且必须具备良好的选择性和较强的吸附能力。

1. 吸附剂的选择性对比

为了选择合适的吸附剂,将活性氧化铝、硅胶、活性炭、A 型分子筛和13X 型分子筛进行吸附选择性试验,吸附原料选用故障六氟化硫绝缘设备中回收的 SF$_6$气体,吸附剂放置量为 5g,选择性吸附时间为 12h,在 5L 常压密闭容器中进行,各吸附剂的选择性及结果见表 3-3。

表 3-3 SF₆ 各吸附剂的选择性

故障气体	吸附量/（cm³/g）				
	活性氧化铝	活性炭	硅胶	A 型分子筛	13X 型分子筛
SF_4	35	48	21	25	59
SOF_2	32	52	15	17	81
SO_2F_2	12	35	14	10	58
SOF_4	20	48	5	12	65
SO_2	38	40	45	19	72
SF_6	0	68	78	0	0

由上表可以看出，硅胶吸附剂的吸附选择性最差，活性炭选择性次之，活性氧化铝与 A 型分子筛吸附选择性较好，但是对于分解组分的吸附能力，低于 13X 型分子筛。在吸附选择性方面，A 型分子筛和 13X 型分子筛以及活性氧化铝是较为理想的六氟化硫分解产物吸附剂。

2. 吸附能力对比

为了比较吸附剂对 SF₆ 气体分解组分的吸附能力，同样选用活性氧化铝、硅胶、活性炭、A 型分子筛和 13X 型分子筛进行吸附能力试验。吸附原料选用六氟化硫绝缘设备故障模拟产生的 SF₆ 气体，其中分解组分含量为 15.4%，在模拟吸附容器中放置等重量的吸附剂各 5g，在吸附时间序列 0.5h、1.0h、4.0h、8.0h 和 12h 下测定试验用 SF₆ 气体中分解组分含量，得到测试结果见表 3-4。

表 3-4　SF₆气体中分解组分含量

种类	分解组分含量/%					
	0	0.5h	1.0h	4.0h	8.0h	12.0h
活性氧化铝	15	15	14.2	12.0	11.3	10.5
活性炭	15	14.3	13.5	11.5	10.7	8.6
硅胶	15	15	15	14.5	14.6	13.8
A 型分子筛	15	15	14.6	14.1	13.5	12.7
13X 型分子筛	15	13.8	12.8	9.5	4.2	0.8

由上表可知，硅胶吸附剂的吸附能力最差，A 型分子筛吸附剂的吸附能力次之，活性炭及活性氧化铝的吸附能力优于硅胶和 A 型分子筛，但是与 13X 型分子筛相比，吸附能力稍弱。在吸附能力方面，13X 型分子筛、活性氧化铝和活性炭是较为理想的六氟化硫分解产物吸附剂。

由吸附剂吸附选择性和吸附能力分析可知，13X 型分子筛和活性氧化铝是适用于 SF₆气体组分吸附的吸附剂。

四、SF₆气体中水分及分解产物吸附技术方案设计

对于 SF₆气体中水分和各分解组分的吸附剂，已经能够基本确定其类型，在实际 SF₆气体吸附过程中，气体中分解产物组分复杂，吸附剂对某一种吸附质或多种吸附质进行吸附后，会影响其他吸附质的吸附效果，为了实现 SF₆气体中水分和分解产物的处理，必须对吸附方案进行设计，找出合适的吸附剂序列，使得 SF₆气体中水分和分解产物的处理效果最佳。

1. 吸附序列设计

一般来说，当一种吸附剂吸附大量水分后，其吸附氟化物的能力会有所降

低，有的甚至下降 50%以上，但是从不同的吸附剂的性能来说，分子筛的复合吸附能力下降很少，它对水分和低氟化物的吸附容量较大。从表 3-5 可以看出，在高湿度条件下，活性氧化铝和 13X 型分子筛对于六氟化硫分解组分的吸附能力有所下降。

表 3-5　分子筛对于 SF_6 分解组分的吸附能力

环境	吸附剂	低价硫氟化物剩余量/10^{-6} %		
高湿度	活性氧化铝	11.4	12.5	11.9
	13X 型分子筛	7.8	8.3	9.7
低湿度	活性氧化铝	未检出	0.1	未检出
	13X 型分子筛	未检出	未检出	未检出

13X 型分子筛对 SO_2、SO_2F_2 具有强吸附能力，但它同时也对 SF_4 也有较强的吸附能力，在吸附 SF_4 后，对 SO_2、SO_2F_2 的吸附能力有所降低。活性氧化铝对 SF_4 具有较强的吸附能力，但对 SO_2、SO_2F_2 的吸附能力则差于 13X 型分子筛，因此，可以选择其作为较廉价的吸附剂与 13X 型分子筛互为补充，降低吸附操作的整体费用。

2. SF_6 气体中水分及分解产物预处理系统分子筛选择

分解产物和水分的吸附处理：SF_6 气体在电弧的作用下生成许多分解产物，对于分解产物和水分的处理选用多种吸附剂联合处理。先对水分和分解产物进行预处理，然后选用价格较高的 13X 分子筛进行深度处理。

在选用预处理吸附剂时针对吸附的基本性能提出两点要求。一是选择性好。一种吸附剂最好能同时除去多种分解产物，但不吸附 SF_6 气体。从表 3-6 可知活性氧化铝的选择性好。二是吸附能力强。通常以吸附剂的吸附量来表示其吸附能力的强弱。从表 3-7 可知分子筛的吸附能力强。

表 3-6 活性氧化铝与活性碳的选择性

吸附组分	吸附量（标准状态下，m^3/g）	
	AL_2O_3	活性炭
SF_4	35	48
SOF_2	32	52
SO_2F_2	12	36
SOF_4	20	48
SO_2	38	40
SF_6	0	68

表 3-7 吸附剂对 SF_6 中水分的吸附能力

吸附剂	吸附量/重量%
活性氧化铝	10.9
复合吸附剂（主要成分为活性氧化铝）	7.1
分子筛（A）	26
分子筛（B）	20
分子筛（C）	20

通过以上对比试验，选用分子筛（A）和活性氧化铝混合吸附剂来预吸附 SF_6 气体中的分解产物和水分。

吸附剂使用环节，考虑到吸附的性价比，以及有毒有害气体处理的要求，将混合吸附剂置于气体通路的上游，将 13X 型分子筛置于气体通路的下游，这样分解产物 SO_2、SO_2F_2 和 SF_4 均可被吸附剂有效地去除。在 13X 型分子筛前端，放置易更换的活性氧化铝，并放置专用于吸附水分的 A 型分子筛，最后由 13X 型分子筛对六氟化硫分解组分进行深度处理，保证处理效果。

五、SF_6 气体中水分吸附试验

回收的 SF_6 中水含量分析及处理工艺试验需以下仪器设备：

（1）电化学分析装置一套（HF、H_2S、SO_2 分析）。

（2）色谱一台（热导检测器）（CF_4、空气分析）。

（3）色谱一台（电子捕获检测器）（SO_2F_2、SOF_2、SO_2 等分解产物分析）。

（4）湿度分析仪一台（湿度分析）。

表 3-8 中数据是由气相取样分析得来，根据相平衡原理，水属于沸点很高的重组分。液相中的水含量大大高于气相中水含量，最高可达到 5 倍。因此，回收的 SF_6 气体中水分大大超过国标值。由于大量水分存在，使分解产物的数量及种类明显增加，其危害也显著加大。因此必须对 SF_6 中的水分进行处理。

表 3-8　回收 SF_6（气相）中水分含量分析数据

瓶号	170286	4065	72505	71697	7386	402709	4028095	标准值	计量单位
湿度	3	3	27.6	4.8	32.5	32.5	34	≤8	10^{-6}m/m

该试验采用活性氧化铝和分子筛混合填装（1:1）进行脱水试验。装填量 24g，共通入回收 SF_6 气体 20kg。经近 40h 的运行，出口气露点在-74℃，含水量为 $14×10^{-6}$v/v，此时吸附容量计算如下：

如 SF_6 中水含量按 $35×10^{-6}$m/m 计算，则，

（1）总脱水量为：$35×10^{-6}×20kg=700×10^{-6}kg=700×10^{-3}g=0.7g$

（2）每千克吸附剂脱水量为：0.7/24=0.03kg 水/kg 吸附剂，脱水率为 3.0%

（3）处理回收 SF_6 的量（按含水 $175×10^{-6}$m/m 计）kg/kg：G=20/0.12=167kg（SF_6）/kg（吸附剂）

注：应用时可按此数据进行放大设计。

六、SF₆中分解产物的检测及脱除试验

分解产物的脱除试验过程如图 3-1 所示。含有分解产物的废弃 SF₆ 气体通入前级后进入流量计。

图 3-1　分解产物的脱除试验过程

首先采用特殊吸附剂进行了吸附试验。试验结果见表 3-9。

表 3-9　吸附剂进行吸附试验

固定相	分解产物/10⁻⁶（v/v）	
	通气开始	通气 200min
A	15.0	15.3
X	13.1	1.3
氧化钙	13.4	13.8
氧化铝	13.4	13.6
原料气液相	15.7	

从上表可以看出：原料中含 15.7×10^{-6} v/v 分解产物，经上述四种吸附剂处理，没有明显的脱除效果。说明上述吸附剂不能用于 SF₆ 中分解产物的脱除。

采取 13X 分子筛吸附剂进行动态吸附分解产物的试验，试验条件为压力 0.15MPa（表压）；温度常温；SF₆ 流量 0.1L/min；标准态流量 0.15L/min；吸附剂粒度 20 目；吸附剂装量 10g；SF₆ 中含分解产物 13.1×10^{-6} v/v；总通气时间 200min。

通气后 50min，未检查出有分解产物；通气后 170min，取样出现分解产物峰，含量 1.2×10^{-6} v/v；通气后 200min，取样分析，分解产物含量 1.3×10^{-6} v/v。

按上述数据计算，本吸附剂的动态吸附能力如下。

（1）总通气量：$0.15 \times 200 = 30L$（SF_6）

（2）每克吸附剂的动态处理能力：

30L/10g=3M³/kg 吸附剂=18.5kg/kg 吸附剂，吸附剂可循环再生使用。

对所回收 SF_6 气体进行了全面检测分析，并开展了相应的回收再生试验。试验结果表明：回收的 SF_6 中 CF_4 杂质无论液相气相均低于国家标准；空气杂质在废 SF_6 气相中高于国家标准，而在液相中低于国家标准，采用低温冷冻抽空方式可除去。酸度、可水解氟化物、矿物油的分析结果表明，这三项指标均低于国家标准，可用吸附剂进行吸附处理，含水量多数远高于国家标准。脱水试验表明采取分子筛吸附剂可将水含量降至 1.4×10-6m/m，吸附容量为 3%。分析结果表明回收的 SF_6 气体中存在分解产物，采用 13X 型分子筛可将其除去。

工业废 SF_6 回收可采用如图 3-2 所示工艺过程。

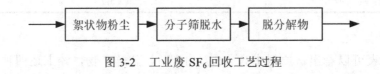

图 3-2　工业废 SF_6 回收工艺过程

第二节　SF_6 气体中空气及碳氟化物等杂质的处理

目前，SF_6 气体回收充气装置的回收储存原理主要有两种。第一种采用冷冻液化法，即在 SF_6 气体回收的过程中，在一定的 SF_6 气体压力下，利用制冷机组使 SF₆ 气体温度降低至该压力下的饱和蒸汽温度，SF₆ 气体开始液化为液体，并以液体形式进行储存，优点是回收速度快、液化速度快，缺点是由于仅通过液化处理，净化不彻底。第二种采用高压液化法，即在 SF₆ 气体回收的过程中，在当时的环境温度下，利用压缩机将 SF₆ 气体压力提高至该温度下的饱和蒸汽压力，SF₆ 气体开始转化为液体，并以液体形式进行储存。当 SF₆ 气体温度（SF₆ 气体经压缩机压缩后温度可达到 80℃以上）超过临界温度（45.55℃）时，就无法使其液化，此时高温高压的 SF₆ 气体只能经过一段时间后待其温度降至临界温度以下时才能转化为液体。优点是系统简单，缺点是系统工作压力高，回收效率低。

为了解决 SF₆ 气体再利用的问题，结合国内外回收装置的特点，研究了六氟化硫提纯再生技术，摒弃国内外不合理的原理和设计思想，选择适用的提纯方法提纯 SF₆ 气体，使其达到标准要求。

一、六氟化硫提纯技术选择

目前国际上提出的气体分离技术主要有三种，即膜分离技术、变压吸附技术和低温精馏技术，三种净化提纯技术各有其特点，下面针对 SF₆ 气体纯化对三种技术的优缺点进行分析。

1. 气体膜分离技术

气体膜分离是利用某些金属膜或有机膜对某些气体组分具有选择性渗透和扩散的特性，以达到气体分离和纯化的目的。北京某地下变电站 SF₆ 气体泄漏预警回收系统中某公司采用的是非多孔膜分离技术，膜材质为聚碳酸酯。非多孔膜（又称均质膜）的渗透机理为气体分子在压力作用下，首先是膜的高压侧接触，然后是吸附、溶解、扩散、脱溶、逸出，通过非多孔膜的气体迁移是根据溶解-扩散的机制进行的，分离机制如图 3-3 所示，分离特性见表 3-10。

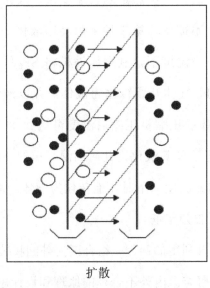

扩散

溶解　　　　脱溶

图 3-3　非多孔膜气体分离机制

表 3-10　非多孔膜气体分离特性

特性	非多孔膜
渗透原理	溶解、扩散
渗透速度	$q=P\Delta pA/L$
选择性	$\alpha=P_A/P_B$
特征	$q\downarrow\quad\alpha\uparrow$
应用	富氧、氮生产、SF_6 及各种气体分离

注：A-膜面积；L-膜厚度；P-渗透系数；α-分离因数（系数）；Δp-压差；q-渗透速度。

　　渗透系数：$P=D\times S$（即扩散系数×溶解系数）；

　　其选择性（分离因数）：$\alpha=q_A/q_B=P_A/P_B=Ke$。

从上式可见，为了提高有机非多孔膜的气体透过量，必须增大渗透系数、压力差和膜表面积以及减小膜厚度。此外，为了提高混合气体的分离效率，一定要选用渗透系数差较大的膜，即希望膜对混合气中某一组分 A 有较高的选择性和较大的渗透率，而对另一组分 B 只有较低的选择性和较小的渗透率，这样才能获得较满意的纯化效果。

气体分离膜技术应用于 SF₆ 纯化时，分离某两种物性差异较大的气体时，具有较高的纯化效率，但是应用于高浓度 SF₆ 时，由于 SF₆ 气体中不仅含有空气还有其他碳氟化物，碳氟化物与 SF₆ 在膜分离应用中物性相近，难以分离，达不到指标要求，而且分离后的空气中 SF₆ 含量较高，因此在较高浓度 SF₆ 气体纯化中不适用。

2. 变压吸附技术

变压吸附技术中采用人造沸石作为吸附气体的材料，它是一种分子筛，可以使得某些气体分子不能通过，而另一些气体分子可以通过。

变压吸附技术的原理是：在气压比较高时，人造沸石吸附某种气体；而在气压比较低时，又将已经吸附的气体释放出来。也就是说，当气压由高到低循环变化时，人造沸石可以循环使用。目前，变压吸附方法已经商业化应用于从空气中分离氧气，因此，寻找一种合适的人造沸石，就可以实现从 SF₆/AIR 混合气体中分离 SF₆ 气体。

首先需要选择合适的人造沸石，经过分析，选取 Ca-A 型（有效微孔直径为 0.5nm）人造沸石作为主吸附材料，Na-X 型（有效微孔直径为 1nm）人造沸石作为辅助吸附材料。前者可以吸附大量的 N₂ 分子，而几乎不能吸附 SF₆ 分子，后者恰好相反，主要吸附 SF₆ 分子，首先使混合气体经过滤器滤掉水蒸气和其他杂质，然后充入主吸附器。分离装置有两个主吸附器，里面充满 Ca-A

型人造沸石。一个吸附气体时，另一个可以释放气体，使系统可以连续工作，提高了工作效率，辅助吸附器里面充满了 Na-X 型人造沸石。

变压吸附技术在于分离处理 SF_6/N_2 混合气体时，处理速度虽可达 $0.78m^3$，但由于空气中除氮气之外，仍然有较多的氧气以及碳氟化物等杂质气体，需要进行进一步的提纯，该过程较为复杂，自动化运行能力不足，不是非常适用。

3. 低温精馏法

利用混合物中各组分挥发能力的差异，通过液相和气相的回流，使气、液两相逆向多级接触，在热能驱动和相平衡关系的约束下，使得易挥发组分（轻组分）不断从液相往气相中转移，而难挥发组分却由气相向液相中迁移，使混合物得到不断分离，该过程称为精馏。该过程中，传热、传质过程同时进行，属传质过程控制。实现此过程的一种塔式气液接触装置称为精馏塔，如图 3-4 所示，（a）图为装置原理示意图，（b）图为板式精馏塔结构图，装置可以形成气液两相充分接触的相界面，使质、热的传递快速有效地进行，并能使接触、混合、传质后的气液两相能及时分开、互不夹带。精馏塔一般分为两大类：填料塔和板式塔，两者的差异在于：填料塔的气液两相作连续的逆流接触，而板式塔的气液两相总体上作多次逆流接触，且每层板上的气液两相一般作交叉流。一般的精馏装置由精馏塔塔身、冷凝器、回流罐、再沸器等设备组成。

如图 3-4 的（a）图所示，进料位置位于塔中部适当位置，将塔分为两段：上段为精馏段，不含进料，精馏段气相在上升的过程中，气相轻组分不断得到精制，在气相中不断地增浓，在塔顶获轻组分产品，负责精制气相中的易挥发组分；下段含进料板为提馏段，其液相在下降的过程中，其轻组分不断地提馏出来，使重组分在液相中不断地被浓缩，在塔底获得重组分的产品，负责提馏液相中的难挥发组分。另外，冷凝器从塔顶提供液相回流，再沸器从塔底提供气相回流，气、液相回流是精馏的重要特点。

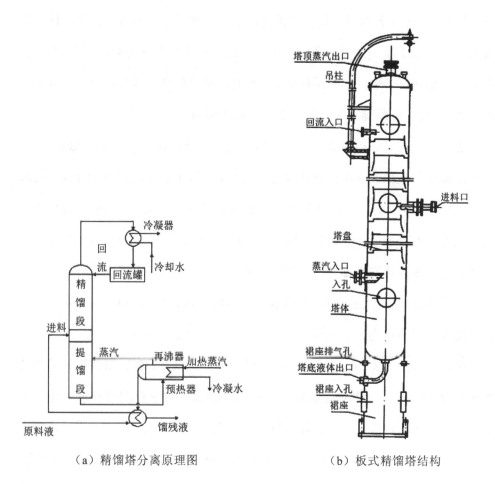

（a）精馏塔分离原理图　　　　（b）板式精馏塔结构

图 3-4　精馏塔分离原理及结构

原料装填进塔前必须先清洗塔壁和填料，通常要用四氯化碳和二氯乙烯初洗，然后用苯温热处理一次，烘干后才能装填。装填填料时，从顶部用牛角勺取少量填料，或用玻璃棒直接拨入，且塔应斜放操作。其后将填料少量多次加入，边装边用木制胶皮槌轻轻击振塔体，以避免架桥现象，装填完毕后继续振动敲击一段时间，直至填料位置不再下移为止。

安装完毕后在各部分连接磨口处涂上润滑脂并对各接口部分试漏。用漏斗通过蒸馏釜的侧口加入待分离的液体，使达到约 1/2 容积。取下漏斗，加入沸石，并在侧口装上温度计。以较快的速度加热，使得较多的蒸气在精馏柱内形成液柱，液柱不断上升以浸满整个填料，使填料表面充分润湿，完成预液泛。而后停止加热，当液柱下降至柱身 2/3 处时，再加热使之重新液泛，一般反复操作 2～3 次，使润湿的填料发挥正常的精馏效果。

液泛后，调节加热温度，使釜底和柱顶液、气两相的温度逐步稳定下来，且柱顶温度与最低沸点组分的沸点温度相近，达到柱平衡，调节回流比控制器，开始收集各馏分。每一组分按精馏头、馏分和馏尾分别收集。在分馏过程中要稳定操作，应防止液泛等现象出现。若出现这类现象，就应停止收集馏分，待操作稳定，重新达到平衡时，再恢复收集馏分。

影响精馏塔操作稳定的主要因素有：物料平衡、塔顶回流、进料热状况、塔釜温度、操作压力。

在精馏塔的操作中，需维持塔顶和塔底产品的稳定，保持精馏装置的物料平衡是精馏塔稳态操作的必要条件，通常由塔底液位来控制精馏塔的物料平衡；回流比是影响精馏塔分离效果的主要因素，生产中经常用于调节、控制产品的质量；当进料状况发生变化时，应适当改变进料位置，并及时调节回流比，如进料状况改变而进料位置不变，必然引起馏出液和釜残液组成的变化；釜温是由釜压和物料组成决定的，只有保持规定的釜温，才能确保产品质量；操作压力的调节范围有一定的规定，塔压波动过大，会破坏全塔的气液平衡和物料平衡，使产品达不到所要求的质量。

精馏过程与其他蒸馏过程最大的区别，是在塔两端同时提供纯度较高的液相和气相回流，为精馏过程提供了传质的必要条件。在相同理论板的条件下，高纯度的回流，使精馏实现高纯度分离时，始终能保证一定的传质推动力。所以，只要理论板足够多，回流足够大，在塔顶即可得到高纯度的轻组分产品，而在塔底则会获得高纯度的重组分产品。

低温精馏通常采用机械方法将气体压缩冷却后，利用不同气体沸点的差异，使不同气体得到分离。低温精馏一般温度处于-15～-5℃，而 SF₆气体与 CF₄等气体沸点不同，SF₆气体处于 1.2Mpa 时温度为 0℃时即可液化，因此可实现 SF₆气体与空气及碳氟化物的分离。

二、六氟化硫精馏提纯设计

设计思路：SF₆气体在经过分子筛后除去了分解产物和水分，进入 SF₆储存罐中进行精馏提纯，将 SF₆储存罐中的空气等杂质除去。

由表 3-11 可知，在同温同压下，六氟化硫液化温度最低，且密度最大。而高纯 SF₆气体中空气（氮气、氧气）、四氟化碳、六氟乙烷含量均为 ppm 级，根据道尔顿分压定律，SF₆压力远远高于空气和碳氟化物压力，其更易于液化。根据 SF₆、氮气、氧气、四氟化碳、六氟乙烷的特性，采用低温精馏液化法将空气和碳氟化物杂质除去，达到 GB/T12022—2014 标准要求。

表 3-11　SF₆气体与氮气、氧气等基本特性参数比较

性质	六氟化硫	氮气	氧气	四氟化碳	六氟乙烷	八氟丙烷
熔点/℃	-50.8	-210	-218.4	-186.8	-100.6	-183
沸点/℃	-63.8	-196	-182.962	-128.0	-78.2	-36.7
密度/（kg/m³）	6.0886	1.25	1.429	3.946	5.734	8.17

精馏提纯步骤：将回收的 SF₆气体通过六氟化硫无油压缩机，打开相应的阀门使 SF₆气体依次经过分子筛，将 SF₆气体分解产物、水分和有毒低氟化物

除去，通过制冷机组，将 SF_6 气体以液态的形式进入 SF_6 第一精馏塔中，当 SF_6 液体进入 SF_6 第一精馏塔后开启提纯功能，通过在提纯罐内进行交换使 SF_6 气体与空气、CF_4、C_2F_6 进行分离，分离后的空气排入尾气处理装置进行深冷固化、吸附、中和处理；由于 C_3F_8 沸点高于 SF_6，即 C_3F_8 更易于液化，将第一精馏塔底部气体少量排入第二精馏塔中，至第一精馏塔中 C_3F_8 排放完全后停止，可去除 SF_6 气体中的 C_3F_8。第二精馏塔气体累积至一定量后，进行精馏操作，降至一定温度后，将 SF_6 气体通过压缩机回收至储罐中，第二精馏塔底部气体检测后排出，确保排出气体中 SF_6 含量低于 $1000\mu L/L$，如图 3-5 所示。

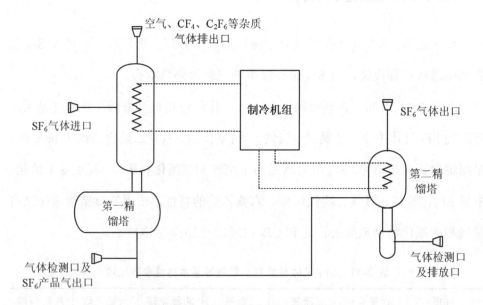

图 3-5　六氟化硫双塔精馏原理图

第三节　低浓度 SF_6 回收分离技术

当 SF_6 气体含量较低，使用常规的 SF_6 气体回收装置时，由于空气含量过大，不易于液化储存，而常规的低温精馏技术也起不到很好的效果，因此需要研制使用新的 SF$_6$ 气体回收分离技术，解决低浓度混合气体回收的难题。

低浓度 SF$_6$ 气体最优的纯化方法为气体膜分离法，其回收流程如图 3-6 所示。

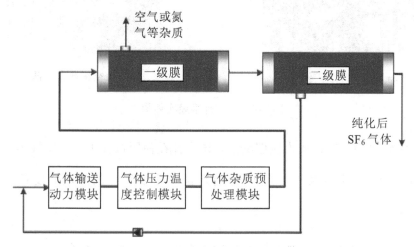

图 3-6   低浓度 SF$_6$ 气体膜分离回收工艺流程

为了增加膜分离表面积，提高膜的分离效率，膜分离器（组件单元）结构从板框式提高到螺旋卷式、管式以至中空纤维式，每改进一种结构，分离表面积呈几何级数量增加，以中空纤维式分离膜表面积最大，气体分离结构剖面图如图 3-7 所示，中空纤维膜实体图如图 3-8 所示。

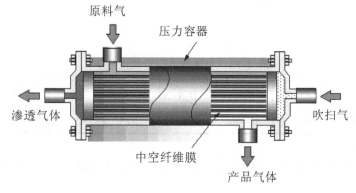

图 3-7   气体分离结构剖面图

（a）中空纤维式外观图

（b）中空纤维式横截面

图 3-8　中空纤维膜实体图

中空纤维膜，其材质为聚碳酸酯，该膜件在使用过程中，主要气体与需分离的气体分离因数 α 大于 3 即可进行分离，主要气体的渗透速度参数见表 3-12。

表 3-12　主要气体的渗透速度参数　　　单位：$10^{-6} scc/cm^2 cmHgsec$

气体	H_2O_V	SO_2	H_2	He	H_2S	CO_2	MeOH	O_2	Ar
渗透速率	2000	400	210	150	110	81	20.8	18	6.9
气体	C_2H_4	CO	CH_4	N_2	C_2H_6	Xe	SF_6		
渗透速率	4	4.17	2.4	2.4	1.4	0.5	0.04		

SF_6/N_2 混合气体中主要有氮气及其余杂质气体，这些气体与 SF_6 分离因数 α 见表 3-13。

表 3-13　气体与 SF_6 分离因数 α

气体	H_2O_V	SO_2	H_2S	CO_2	O_2	CO	N_2
分离因数	50000	10000	2750	2025	450	104.25	60

由表 3-13 可知主要气体分离因数远大于 3，使用该中空纤维膜能够净化分离 SF_6。

由于膜件系统是根据预设气体组分在数据库中提取膜件运行资料，将 SF$_6$
与氮气浓度比值设为 30%，因此膜分离设备物料平衡见表 3-14，当设备处理
速率为 25m³/h、入膜压力为 0.75MPa，入膜温度为 48℃时，SF$_6$ 产品气流量
为 7.73m³/h，产品 SF$_6$ 浓度为 94.24%，一级渗透侧排放气 SF$_6$ 含量为 700ppm。

表 3-14　物料平衡表

气流	1	2	3	4	5	6
描述	原料气	入膜气体	一级膜渗透气	入二级膜气	二级膜渗透气	SF$_6$产品气
流量/（Nm³/h）	25	30.44	17.03	13.41	5.68	7.73
压力/barg	0.1	7.5	0.1	7.3	0.1	7.36
温度/℃	25	48	48	47	47	46.7
六氟化硫 SF$_6$	0.3000	0.2732	0.0007	0.6037	0.1431	0.9424
氮 N$_2$	0.7000	0.7268	0.9993	0.3963	0.8569	0.0576
合计	1.0000	1.0000	1.0000	1.0000	1.0000	

同种膜件在同种条件下随着温度、压力、流量变化，气体分离效果均会受
到影响，在同种膜件中，当流量、压力、温度发生变化时，都会对气体渗透速
率造成影响，进而影响分离因子，因此会影响气体分离效果。中空纤维膜在不
同温度、压力、流量条件下，六氟化硫、氮气、氧气气体对该聚碳酸酯均质膜
的渗透系数、扩散系数或溶解系数均有变化，通过温度影响气体分子的表观活
化能，从而影响两种气体的分离因数。

第四节　分级纯化再生装置

SF$_6$ 气体分级纯化再生装置可满足 SF$_6$ 气体回收利用新技术的要求，该装

置是"SF_6气体再生车间"的主体设备,以下以 RF-101J 型 SF_6气体分级纯化再生装置为例。

RF-101J 型 SF_6气体分级纯化再生装置是一款全功能型的 SF_6气体回收净化处理及回充罐装设备,该装置采用模块化设计、制造,PLC 控制,主设备上安装有 SF_6气体分析检测仪表、空气质量在线监测仪表,可对气体进行净化处理前及净化处理后的成分进行在线取样检测分析,以及对设备工作区的环境质量进行监测,既方便用户对设备使用和净化处理方案进行选择,也保证了工作区域的安全。本套装置分为三大功能单元区(A、B、C 区),导轨式固定式安装,其中 A、B 区可以在导轨上移动,每个功能区安装有翼展式可展开面罩,以方便设备的调试、维护和检修。装置功能齐全、稳定可靠、实用性高,有着很高的性价比。

一、执行标准

1. 设计制造标准

产品设计、制造符合 DL/T 662《六氟化硫气体回收装置技术条件》标准。

2. 气体处理标准

处理气体品质符合 GB/T 12022—2014《工业六氟化硫》规定的新气标准。

二、工作原理

装置为多功能模块化、集成化一体设备,使用液晶屏显示、触摸屏操作,PLC 工控机执行其自动操作运行,工作人员只需监视、查看工作流程及仪表信号,并辅以简单的操作进行调节,即可完成相应功能。

装置执行抽真空、气体处理、气体回充罐装等功能,是通过管线、阀门、仪表的连接组合将各单元设备连接成为一个有机整体，操作 PLC 启动相关设备运行。抽真空时，通过双级油封旋片真空泵对系统内管道及储罐内的尾气进行抽送排放，排除的尾气无害化处理后排到室外，使系统内部达到较高的真空度；气体处理时，通过无油压缩机的工作，气体经过吸气回收及压缩储存，在吸气回收及压缩储存过程中，气体分别经过分子筛干燥净化和制冷机的热交换处理，使回收的气体处理后满足再生气体回充利用要求；气体回充罐装时，先将钢瓶抽真空，然后通过增压机的工作，将净化处理合格的气体直充或压充至钢瓶中。

三、系统设计

1. 结构设计

RF-101J 型 SF₆气体分级纯化再生装置的结构如图 3-9 所示，其面板示意如图 3-10 所示。

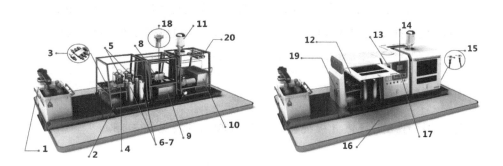

1-钢瓶预处理系统（选配）；2-缓冲罐；3-电磁阀组；4-真空压缩机；5-分子筛；6-碱洗装置；

7-水洗装置；8-真空泵；9-冻干机；10-冷阱；11-提纯装置；12-翼展式罩壳；

13-环境监测系统；14-PLC 控制系统；15-出气口加气枪（选配）；16-操作台（选配）；

17-在线检测仪表；18-SF6 压缩机；19-自封进气接头；20-尾气储罐

图 3-9　RF-101J 结构示意图

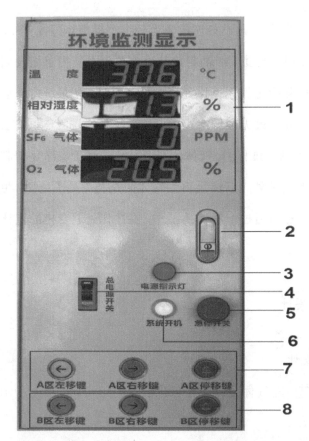

1-环境监测系统；2-门锁；3-电源指示灯；4-装置总电源开关；5-急停按钮；

6-系统开机按钮；7-A区移动、停止操作按钮；8-B区移动、停止操作按钮

图 3-10　RF-101J 面板示意图

2. 阀门介绍

RF-101J 型 SF$_6$ 气体分级纯化再生装置阀门列表见表 3-15。

表 3-15　阀门列表

序号	阀门编码	阀门类型	规格型号	启闭状态
1	V1	同轴电磁阀	RLS20NC	PLC 控制
2	V2	同轴电磁阀	RLS20NC	PLC 控制
3	V3	同轴电磁阀	RLS20NC	PLC 控制

序号	阀门编码	阀门类型	规格型号	启闭状态
4	V4	同轴电磁阀	RLS20NC	PLC 控制
5	V5	同轴电磁阀	RLS20NC	PLC 控制
6	V6	同轴电磁阀	RLS20NC	PLC 控制
7	V7	同轴电磁阀	RLS20NC	PLC 控制
8	V8	同轴电磁阀	RLS20NC	PLC 控制
9	V9	同轴电磁阀	RLS20NC	PLC 控制
10	V10	同轴电磁阀	RLS20NC	PLC 控制
11	V11	同轴电磁阀	RLS20NC	PLC 控制
12	V12	电磁阀		常开
13	V13	同轴电磁阀	RLS20NC	PLC 控制
14	D1	电磁角阀	DN32	PLC 控制
15	D18	电动流量调节阀	DN15	
16	DF1	电动阀		PLC 控制
17	DF2	电动阀		PLC 控制
18	DF3	电动阀		PLC 控制
19	F1	同轴电磁阀	RLS20NC	常闭
20	F2	同轴电磁阀	RLS20NC	常闭
21	A3～A7	制冷电磁阀		
22	A1、A2	排水电磁阀		
23	C1	手动球阀		常开
24	C2	手动球阀		常开
25		单向阀	249B-4PP	
26	C3、C4	加水口球阀		常闭
27	C7～C17	球阀		常开
28	C19	两位三通阀		手动选择
29	C20	手动球阀	B-45F8	

续表

序号	阀门编码	阀门类型	规格型号	启闭状态
30	AQF01	安全阀	30600	
31	AQF02	安全阀	CSC A559T1	
32	JYF01	手动减压阀	SS-8342F-2P	

3. 功能流程设计

（1）抽真空功能。RF-101J 型 SF$_6$ 气体分级纯化再生装置的抽真空功能界面如图 3-11 所示。可根据系统内管道及储罐的抽真空流程进行相应的操作。

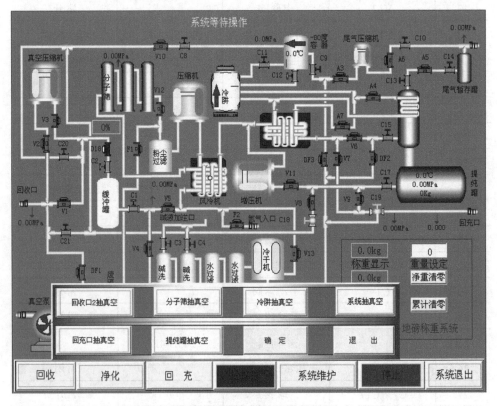

图 3-11　抽真空功能界面图

1）回收口抽真空流程如图 3-12 所示。

图 3-12　回收口抽真空流程图

2）分子筛抽真空流程如图 3-13 所示。

图 3-13　分子筛抽真空流程图

3）提纯罐抽真空流程如图 3-14 所示。

图 3-14　提纯罐抽真空流程图

4）回充口抽真空流程如图 3-15 所示。

图 3-15　回充口抽真空流程图

5）对冷阱抽真空流程如图 3-16 所示。

图 3-16　冷阱抽真空流程图

6）系统抽真空流程如图 3-17 所示。

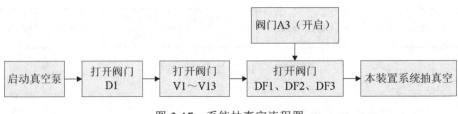

图 3-17　系统抽真空流程图

（2）回收功能。

1）回收净化流程如图 3-18 所示。

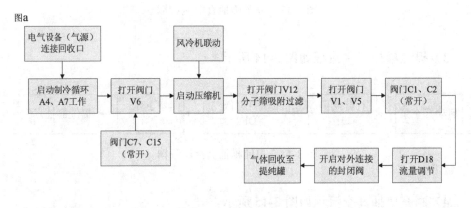

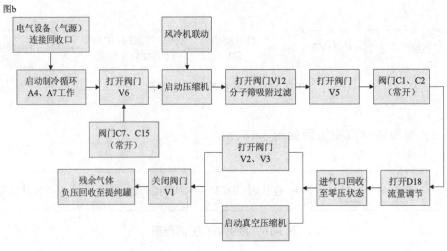

图 3-18　回收净化流程

2）水洗回收净化流程如图 3-19 所示。

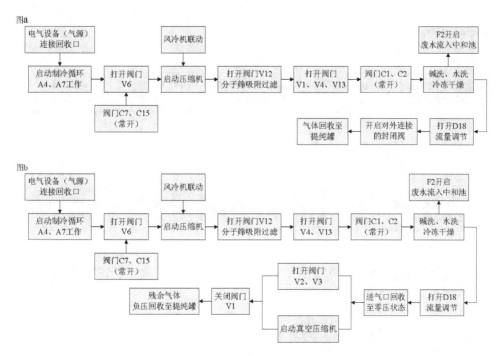

图 3-19　水洗回收净化流程图

（3）净化功能。

1）提纯罐循环净化流程如图 3-20 所示。

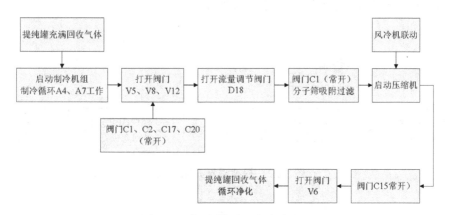

图 3-20　提纯罐循环净化流程图

2）提纯罐提纯流程如图 3-21 所示。

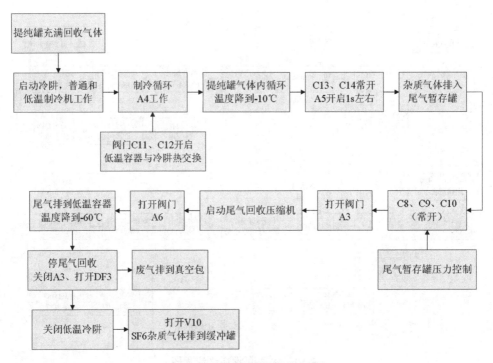

图 3-21　提纯罐提纯流程图

（4）回充。

1）提纯罐气体直充流程如图 3-22 所示。

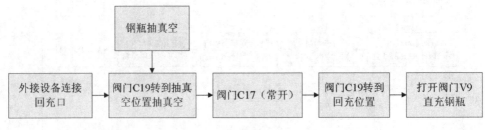

图 3-22　提纯罐直充流程图

2) 提纯罐气体压充流程如图 3-23 所示。

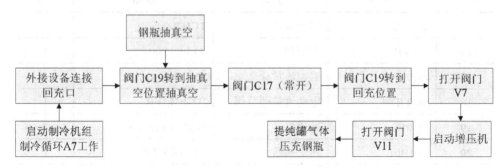

图 3-23　提纯罐压充流程图

4. 系统硬件组成

RF-101J 型 SF₆ 气体分级纯化再生装置的硬件组成见表 3-16。

表 3-16　主要部件明细表

序号	部件号	名称	规格	数量
1	ZKB01	真空泵	D60C	1
2	YSJ20	真空压缩机	15 m^3/h	1
3	FZ01-03	分子筛	F15、F18、F20	3
4	HCG01	缓冲罐	400L	1
5	FCLX01	粉尘滤芯	$\phi 150 \times 150$	4
6	FCGL01	粉尘过滤器	$\phi 219 \times 340$	
7	YSJ25	SF₆压缩机	RFD391	1
8	DJ01	压缩机电机	MS132M-4	1
9	FS01	风冷机	YWF2D250-Z	1
10	SGLX01	水过滤器	$\phi 219$	2
11	YLKG01	压控开关	MS100R14	2
12	DWLYB01	冷阱	DLSB-100/-80	1
13	WQYSJ01	尾气回收压缩机	$0.7m^3/h$	1
14	ZYJ10	罐装机	$2m^3/h$	1

续表

序号	部件号	名称	规格	数量
15	TCG300	提纯装置	TCH200	1
16	ZKB01	真空包	$\phi 159 \times 900$	1
17	ZLLLJ01	涡街流量计	LUGB-22015-222	1
18	DDTJF01	电动流量调节阀	HT-05ED/B	1
19	JSJ01	减速机	WB85-WD0.25	2
20	LRJH01	热交换器	JH-900×159	1
21	LJZFQ01	冷阱蒸发器	$\phi 531 \times 1200$	1
22	ZLJ01	冻干机	3P	1
23	JXG01-02	碱洗罐	$\phi 159 \times 880$	2
24	SXG01-02	水洗罐	$\phi 219 \times 1250$	2
25	WDBS01	温度变送器	TT100	2
26	YLBS01	压力变送器	SDY100	6
27	JRB01-02	加热棒	$\phi 25X800$	4

5. 功能特点

（1）整机模块化，模块功能化，功能可视化。

（2）PLC 自动控制现场或操作间可选择一键式操作，简单、方便。

（3）配置现场环境监测仪表，保证工作场所安全。

（4）配置六氟化硫综合分析仪，气体净化处理前后品质及时检测分析。

（5）双级油封旋片真空泵，大抽速、高真空度。

（6）回收进气口的 A 区设计大缓存罐，加速高压六氟化硫汽化，提高回收速率。

（7）无油压缩机回收，增压机回充，双管路系统，避免交叉污染，保证气体品质。

（8）再生式分子筛过滤技术，可滤除 SF₆ 气体中的水分、分解物、粉尘等杂质。

（9）低温制冷循环净化处理技术，处理气体更高效、清洁。

（10）回收气体排放杂质气体进行二次处理，尾气净化排放，满足环保要求。

（11）独立气体加热系统，提高系统抽真空效率及回充速度。

（12）气体回收净化及回充时，储罐可自动计量称重。

（13）可选配辅助处理设备，系统服务预留升级支持。

第四章 SF₆气体不停电处理技术

目前六氟化硫绝缘设备没有在线去除水分、分解产物、酸性物质、可水解氟化物的净化装置，只能进行停电检修。尤其是在用电高峰期停电检修，不仅工期任务紧，而且造成用电紧张。通过研究 SF₆ 不停电处理技术，可以将六氟化硫绝缘设备绝缘气室中的水分降低到合格标准，将少量的分解产物、酸性物质、可水解氟化物净化达到六氟化硫绝缘设备运行指标，使得六氟化硫绝缘设备可以在用电高峰期带电进行微水处理。这种检修技术不但可以避免电网停电，而且也减轻了运维检修人员的工作压力，使得检修工作可以平稳、安全地进行。

第一节 绝缘气体固体吸附除湿技术

固体吸附剂的吸附容量（当吸附质是水蒸气时，又称为湿容量）与被吸附气体（即吸附质）的特性和气压、固体吸附剂的特性、比表面积、空隙率以及吸附温度等有关，故吸附容量（通常用 kg 吸附质/100kg 吸附剂表示）可因吸附质和吸附剂体系不同而有很大差别。所以，尽管某种吸附剂可以吸附多种不同气体，但不同吸附剂对不同气体的吸附容量往往有很大差别，亦具有选择性吸附作用。因此，可利用吸附过程这种特点，选择合适的吸附剂，使气体混合物中吸附容量较大的一种或几种组分被选择性地吸附到吸附剂表面，从而达到与气体混合物中其他组分分离的目的。

一、吸附剂的比较分析

目前常用的干燥吸附剂主要有分子筛、硅胶和活性氧化铝三类。一些干燥剂的物理性质见表 4-1，表中数据仅供参考，设计所需数据应由相关制造厂商提供。

表 4-1 吸附剂特性参数

吸附剂	硅胶 Davison 03	活性氧化铝 Alco（F-200）	H、R 型硅胶 Kali-chemie	分子筛 Zeoehcm
孔径/10^{-1}nm	10-90	15	20-25	3，4，5，8，10
堆积密度/（kg/m³）	720	705-770	640-785	690-750
比热容/[kJ/（kg·K）]	0.921	1.005	1.047	0.963
最低露点/℃	−50~−96	−50~−96	−50~−96	−73~−185
设计吸附容量/%	4~20	11~15	12~15	8~16
再生温度/℃	150~260	175~260	150~230	220~290
吸附热/（kJ/kg）	2980	2890	2790	4190

1. 活性氧化铝

活性氧化铝是一种极性吸附剂，以部分水与多孔的无定型 Al_2O_3 为主，并含有少量其他金属化合物，其比表面积可达 250m²/g 以上。例如，F-200 活性氧化铝的组成为 Al_2O_3 94%、H_2O 5.5%、Na_2O 0.3% 及 Fe_2O_3 0.02%。

由于活性氧化铝的湿容量大，故常用于水含量高的气体脱水。通常经活性氧化铝干燥后的气体露点可达-70℃。

2. 硅胶

硅胶是一种晶粒状无定形氧化硅，分子式为 $SiO_2·nH_2O$，其比表面积可达 300m²/g，硅胶为极性吸附剂，它在吸附气体中的水蒸气时，其量可达自身质量的 50%，即使在相对湿度为 60%的空气流中，微孔硅胶的湿容量也达 24%，故常用于水含量高的气体脱水。硅胶在吸附水分时会放出大量的吸附热，易使其破裂产生粉尘。此外，它的微孔孔径也极不均匀，没有明显的吸附选择性。采用硅胶干燥后的气体露点可达-60℃。

3. 分子筛

目前，常用的分子筛系人工合成沸石，是强极性吸附剂，对极性、不饱和化合物和易极化分子特别是水有很大的亲和力，故可按照气体分子极性、不饱和度和空间结构不同对其进行分离。

分子筛有晶格筛分的特性，气体分子的平均直径必须小于其微孔的直径，才能抵达吸附表面，利用这种筛分的特性，可有效分离气体中的杂质。

水是强极性分子，分子直径为 0.27~0.31nm，比 A 型分子筛微孔孔径小，因而 A 型分子筛是气体或液体脱水的优良干燥剂，采用分子筛干燥后的气体露点可低于-100℃。

当吸附剂吸附饱和后，就要在低压高温条件下进行再生，再生越完善，再工作时吸附效果就越好。

二、吸附剂的选择

吸附剂的性能对吸附分离操作的技术经济指标起着决定性的作用，吸附剂的选择是非常重要的一环，一般选择原则为：

（1）具有较大的平衡吸附量。

（2）具有良好的吸附选择性。

（3）容易解吸，即平衡吸附量与温度或压力具有较敏感的关系。

（4）有一定的机械强度和耐磨性，性能稳定，较低的床层压降等。

实际运用中应综合考虑现场应用以及各吸附剂特性。硅胶在应用过程中，易破碎形成粉尘，使用寿命短；活性氧化铝和分子筛对水分均有较高的吸附特性，且有较强的机械强度和耐磨性，性能稳定，因此选用活性氧化铝和分子筛，组成复合吸附剂。复合吸附剂就是同时使用两种或两种以上的吸附剂。使用复合吸附剂脱水时，通常将活性氧化铝与分子筛在同一干燥器内串联使用，即湿原料气先通过上部的活性氧化铝床层，再通过下部的分子筛床层。水是强极性分子，分子直径为 $0.27 \sim 0.31nm$，比 A 型分子筛微孔孔径小，因而 A 型分子筛是气体或液体脱水的优良干燥剂，这里选用 4A 型分子筛。

活性氧化铝和 4A 分子筛串联的双床层，其特点是：

（1）湿气先通过上部活性氧化铝床层脱除大部分水分，再通过下部分分子筛床层深度脱水从而获得很低露点。这样，既可以降低费用，又可保证干气露点。

（2）活性氧化铝再生时的能耗比分子筛低。

三、SF₆气体水分吸附试验

1. 仪器设备

（1）湿度检测仪一台。

（2）储气罐。

（3）吸附过滤器。

（4）标准湿度发生器。

（5）动力装置。

2. 试验方法

（1）通过标准湿度发生器配置 1000μL/L（质量比约 125ppm）的 SF_6 气体 10kg。

（2）吸附过滤器中装填复合吸附剂，活性氧化铝与 4A 分子筛装填比为 1:1，装填量为 50g。

（3）采用动力装置输送气体至吸附过滤器，并循环吸附。

（4）检测储气罐中微水含量，并计算复合吸附剂吸附率以及使用量。

经过 2h 吸附，微水达到 280μL/L（质量比约 35mg/kg），此时吸附容量计算式如下。

脱水质量比：吸附前质量比-吸附后质量比=125-35=90mg/kg。

总脱水量：脱水质量比×气体质量=90×10^{-6}×20kg=1800×10^{-6}kg=1.8g。

每千克吸附剂脱水量：1.8g/50g=0.036kg（水）/kg（吸附剂），则脱水率为 3.6%。

处理 SF_6 气体所需复合吸附剂用量比例：

P=气体质量/吸附剂质量=10/0.05=200kg（SF_6）/kg（吸附剂）。

四、工艺流程

根据上述理论分析及试验结果，SF_6 气体吸附可采用如图 4-1 所示工艺过程。

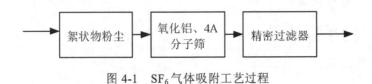

图 4-1 SF_6 气体吸附工艺过程

复合吸附剂配比采用 1:1 配比，氧化铝置于上床层，4A 分子筛置于下床层，气体先经活性氧化铝吸附后，再经 4A 分子筛进行深度处理，复合吸附剂使用量根据试验数据 200kg（SF₆）/kg（吸附剂）比例进行数据放大设计。

第二节　绝缘气体置换安全性

安全性研究内容主要包括电气设备绝缘性能、六氟化硫绝缘设备气体压力安全性能以及绝缘气体二次污染问题三部分。

一、电气设备绝缘性能研究

电气设备绝缘性能研究及设计原则依照两个标准：DL/T593—2006《高压开关设备和控制设备标准的共用技术要求》、GB/T24343—2009《工业机械电气设备绝缘电阻测试规范》。在 DL/T593—2006 标准的"接地金属部件的接地连续性试验"中规定"在主要的接地连接处和机械部件之间应通以最小为 2A 的电流，如果测量的电阻小于 0.5Ω，则认为开关设备和控制设备的辅助和控制回路的外壳通过了试验"；在 GB/T24343—2009 标准的"整台电气设备的绝缘电阻检测"中规定"当必要时，可以对整台电气设备中超过 PELV 电压的电路，同时进行绝缘电阻检测，测得的绝缘电阻不应小于 $1M\Omega$"。

严格按照上述标准进行设备结构设计以及电气元器件的选择，测量接地电阻＜0.5Ω，整机绝缘电阻 $500M\Omega$～$+\infty$，符合电气设备绝缘设计要求。在本设计中管路采用不锈钢波纹管以及金属连接，与气体绝缘设备接地保护可靠连接，可有效防止对气体湿度净化装置及操作人员造成的触电伤害。

二、气体压力安全性能研究

为保证电气设备的安全运行，从电气设备气室取气时，应保证设备内的气体压力在安全范围内。即取气、回充气体时气室内的气体压力不能低于安全下限，亦不能高于压力上限。在取样口进行气体压力检测，根据实时压力状态信息实现气体取样和回充控制。

考虑现场试验可能性，增加专用储气罐，预充一定压力的新 SF_6 气体，当试验气室气体压力不足或需补充气体时，可直接给气室补充气体，进而保证置换过程中压力始终保持在正常范围内。

其工作流程如图 4-2 所示，先将新 SF_6 气体回充至气室，保证气室气体压力，然后取样除湿。取样过程若气体压力低至允许下限，则停止取样，对气体除湿并回充气室；回充过程若气体压力达到允许上限则停止回充，开始新的取样处理。

三、绝缘气体二次污染问题研究

在带电进行绝缘气体湿度处理时，需要将设备中部分气体输出到处理装置内置容器中，内置容器中的分子筛吸附 SF_6 气体中微水和分解产物后，重新注入电气设备中，在气体置换过程中应避免对气体造成二次污染，即外界的空气、水分、粉尘等杂质的污染。

1. 空气、水分的污染来源及其处理方式

空气和水分的污染，主要来自于置换设备及连接管路，可以通过气路连接工艺及工作流程来避免与解决。

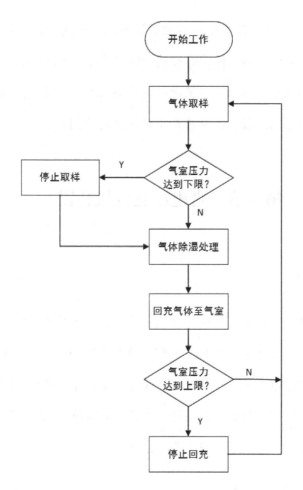

图 4-2　气体压力控制系统工作流程

气路选择具有抗腐蚀性的不锈钢或铜作为基础材料，其不仅水分的渗透性差且可以避免 SF₆ 气体中一些有害气体的腐蚀；气路连接处选择密封性好的卡套连接或焊接工艺，保证整个气路的密封性。

试验平台搭建时，依照 DL/T 662—2009《SF6 气体回收装置技术条件》对整个气路进行抽真空密封测试，并充入干净的纯 SF₆ 气体进行保护。

2. 油污染的来源及其处理方式

油污染主要来自于 SF₆ 气体的动力输送阶段，SF₆ 气体动力输送辅助设备按照是否与油接触可以分为无油动力输送设备和有油动力输送设备，而 SF$_6$ 气体中的油污染，主要是因为使用有油动力输送设备，并且在动力输送设备后级油过滤不彻底造成的油污染；为了避免由于动力输送设备造成的油污染，选用 SF$_6$ 专用无油动力输送设备，从根源上解决油污染问题。

第三节　带电净化置换装置

一、原理介绍

电气设备内 SF$_6$ 气体带电净化置换装置的工作原理是通过呼、吸原理置换电气绝缘设备中 SF$_6$ 气体中的水分和分解产物及浮尘，可以对湿度超标电气设备中的 SF$_6$ 气体进行带电干燥净化，也可以对其他 GIS 设备进行回收净化、回充。整个系统由抽真空系统、压缩系统、分子筛干燥净化系统、气体存储系统和测量控制系统组成，系统流程图如图 4-3 所示。

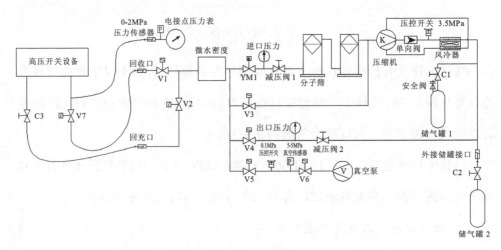

图 4-3　带电净化置换装置系统流程图

设备可执行的功能如下：

（1）抽真空模块功能：包括进气口抽真空、出气口抽真空、分子筛抽真空及系统抽真空。

执行抽真空功能时，首先对装置进行气密性试验（设备出厂时已经进行过气密性试验及功能调试，设备长期停用后再次使用时仍需进行气密性试验），设备接通外接电源，闭合电源开关，启动真空泵运行，系统自动打开相应需要抽真空的管线及单元设备的操作阀门，其余阀门为关闭状态，当真空表显示为133Pa时，继续抽30min，关闭真空泵进口阀门，然后断开真空泵按钮开关，停止真空泵运行。如果30min后，真空表读数回升不大于67Pa，表示其气密性良好，抽真空功能合格，抽真空过程完成。

进气口和出气口抽真空时，外接管道首先和对应连接口锁紧，保证接口气密性，启动进气口或出气口抽真空功能即可完成操作。

（2）呼吸置换功能：包括抽气与补气间歇循环（单接口和双接口）。

根据呼吸机的原理，开启充气阀门，电气设备的容积为 V_1、压力为 P_1，分子筛及连接管道的有效容积为 V_0、压力为 P_0，因 $P_1>P_0$，气体自然流入到分子筛后，气体的体积变为 (V_1+V_0)、压力降低为 P_2，气体经压缩机回收至储气钢瓶；当 P_2 为电气设备最低报警压力时，系统关闭进气阀门 V_1，压缩机停止回收，呼吸装置转为向电气设备充气至最高压力 P_1，然后设备气体再次流入分子筛，系统启动压缩机工作回收；当电气设备内压力再次降至最低报警压力时，系统关闭进气阀门 V_1，压缩机停止回收，呼吸装置再次转为向设备充气至最高压力 P_1，如此循环往复，直至设备内气体湿度达标，气体呼吸置换完成。

当温度保持不变，由理想气体的状态方程 $P_1×V_1=P_2×(V_1+V_0)$ 可知，气体经分子筛干燥后，由呼吸泵回收暂存和输送至电气设备，如此循环往复。在电气设备带电状态下，气体压力在低限至高限之间变动，最后气体无损耗地完成带电干燥置换，设备气体压力保持不变。

执行呼吸置换功能操作前，应首先将需要置换处理的电气设备用专用软管与进气接口和回充接口（双接口开关）连接并锁紧，然后对连接管道及系统抽真空，真空度合格后开始进行气体呼吸置换。

二、功能特点

SF_6气体带电净化置换装置具有以下功能特点：

（1）对装置本体各功能管线进行抽真空和真空度检测。

（2）对装置本体系统进行抽真空和真空度检测。

（3）对外接管道进行抽真空和真空度检测。

（4）抽出电气设备中的 SF_6 气体，对回收气体进行湿度监测，干燥、过滤处理。

（5）充入合格的 SF_6 气体至电气设备。

（6）分子筛过滤干燥技术，去除水分、有害物质。

（7）进、出口压力表指示，电接点压力控制，设定高、低压自动关机功能。

（8）气体置换时压力自动控制，间隙呼吸置换气体，设备连续循环运行。

（9）电气设备具有单接口、双接口，可选择不同工作方式。

（10）在线带电工况干燥置换气体，无须办理停机事项。

（11）PLC 控制，触摸屏按键操作，操作简单。

三、功能流程设计

1. 抽真空模块功能

（1）进气口抽真空。SF₆气体带电净化置换装置的进气口抽真空流程如图 4-4 所示，其界面如图 4-5 所示。

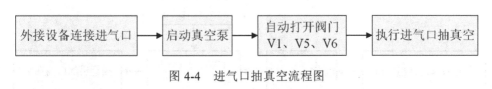

图 4-4　进气口抽真空流程图

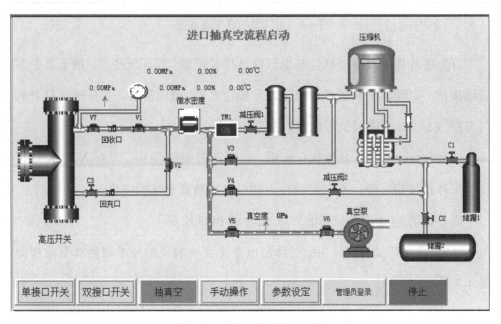

图 4-5　进气口抽真空界面图

首先将外接设备专用软管与进气口连接并锁紧、保证气密性，按下真空泵启动，启动真空泵运行至稳定，然后顺次打开阀门 V1、V5、V6，即可执行进气口抽真空。

当真空度合格后，功能执行结束，应顺次关闭阀门 V6、V5、V1，再按下真空泵停止按钮，停止真空泵运行，则进气口抽真空功能完成。

设备启动/停止，电磁阀的开启/闭合由 PLC 控制。

（2）出气口抽真空。SF_6 气体带电净化置换装置的出气口抽真空流程如图 4-6 所示。

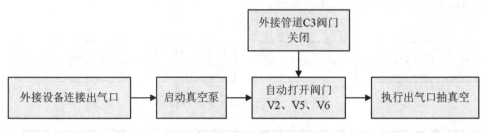

图 4-6　出气口抽真空流程图

首先将外接外接专用软管与出气口连接并锁紧、保证气密性，按下真空泵启动按钮，启动真空泵运行至稳定，外接管道 C3 阀门常闭，然后顺次打开阀门 V2、V5、V6，即可执行出气口抽真空。

当真空度合格后，功能执行结束，应顺次关闭阀门 V6、V5、V2，再按下真空泵停止按钮，停止真空泵运行，则出气口抽真空功能完成。

设备启动/停止，电磁阀的开启/闭合由 PLC 控制。

（3）分子筛抽真空。SF_6 气体带电净化置换装置的分子筛抽真空流程如图 4-7 所示。

图 4-7　分子筛抽真空流程图

首先按下真空泵启动按钮，启动真空泵运行稳定，依次打开阀门 V3、V5、V6，即可对分子筛抽真空。

当真空度合格后，功能执行结束，应顺次关闭阀门 V6、V5、V3，再按下真空泵停止按钮，停止真空泵运行，则分子筛抽真空功能完成。

设备启动/停止，电磁阀的开启/闭合由 PLC 控制。

（4）系统抽真空。SF_6气体带电净化置换装置的系统抽真空流程如图 4-8 所示。

图 4-8　系统抽真空流程图

首先将外接设备用专用软管与进气口和出气口连接并锁紧，保证气密性，按下真空泵启动按钮，启动真空泵运行至稳定，先打开阀门 V6，然后依次打开阀门 V1～V5，即可执行设备系统抽真空及连接管道抽真空。

当真空度合格后，功能执行结束，应依次关闭阀门 V1～V6（最后关闭阀门 V6），按下真空泵停止按钮，停止真空泵运行，则设备系统抽真空功能完成。

设备启动/停止，电磁阀的开启/闭合由 PLC 控制。

2. 电气设备内绝缘气体带电净化置换流程

（1）单接口电气设备呼吸置换。单接口电气设备呼吸置换气体流程如图 4-9 所示，其界面如图 4-5 所示。先将 SF_6电气设备用专用软管与本装置的进气接口连接并锁紧，保证气密性，将系统及连接管路抽真空，真空度合格；手动首先设定电气设备低压和高压报警值，按下压缩机启/停动按钮、启动压缩机工作（风冷机联动工作），打开阀门 V1、V7、YM1，设备气体回收至储气钢瓶中，设备压力降至低压报警值，关闭阀门 V7，管道压力降到 0.08MPa 时压缩机停止工作，并关闭阀门 YM1；然后打开阀门 V1、V4、V7，开启调压阀，干燥净化后过气体（或外接钢瓶中的气体）回充到电气设备中，如充气压力至高压报警值，关闭阀门 V4，停止充气，一个工作流程结束，完成一次呼吸循环；在线微水密度监测仪动态监测设备气体微水；根据设定的高、低压报警值，压缩机再次启动，吸气回收，呼气充气，直至设备气体露点合格，电气设备带电状态气体置换完成。

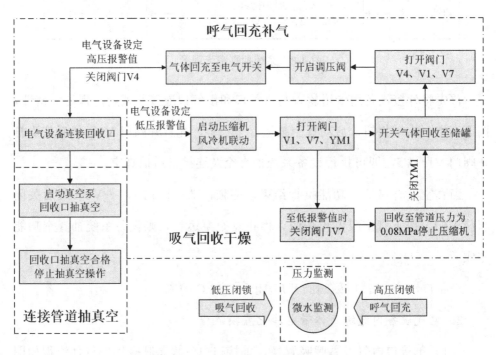

图 4-9　单接口电气设备呼吸置换气体流程图

（2）双接口电气设备呼吸置换。双接口电气设备呼吸置换气体流程如图 4-10 所示，其界面如图 4-5 所示。先将 SF_6 电气设备的 2 个接口分别用专用软管与本装置的进气接口和出气接口连接并锁紧，保证气密性，将系统及连接管路抽真空，真空度合格；手动首先设定电气设备低压和高压报警值，按下压缩机启/停动按钮，启动压缩机工作（风冷机联动工作），打开阀门 V1、V7、YM1，设备气体回收至储气钢瓶中，设备压力降至低压报警值，关闭阀门 V7，管道压力降到 0.08MPa 时压缩机停止工作，并关闭阀门 YM1；然后打开阀门 V2、V4、C3，开启调压阀，干燥净化后过气体（或外接钢瓶中的气体）回充到电气设备中，如充气压力至高压报警值后，关闭阀门 V2、V4，停止充气，一个工作流程结束，完成一次呼吸循环；在线微水密度监测仪动态监测设备气体微水；根据设定的高、低压报警值，压缩机再次启动，吸气回收，呼气充气，直至设备气体露点合格，电气设备带电状态气体置换完成。

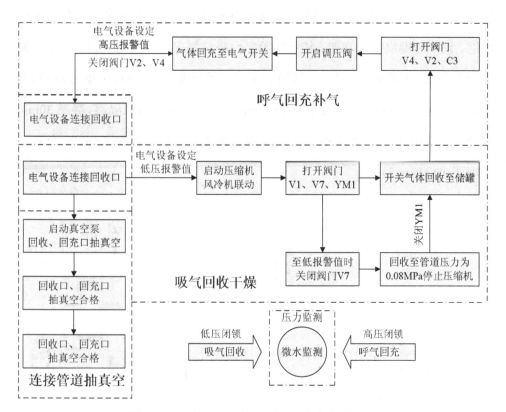

图 4-10 双接口电气设备呼吸置换气体流程图

四、实验验证

1. GIS 实体平台实验

为了验证分子筛对 SF_6 气体除湿效果及整个装置在工作过程中对 GIS 容器内 SF_6 气体压力差控制，搭建 126kV GIS 模型，如图 4-11 所示。最大承受压力 1.5MPa，GIS 模型充气额定压力 0.55MPa，低压报警压力为 0.5MPa，高压报警压力为 0.6MPa。模型由两个充气接头、套管、母线、电压互感器、水平实验气室、垂直实验气室等构成，设置悬浮电位、盆式绝缘子沿面放电、气室内部自由粒子放电等各类缺陷模式，实体实验模型具备 SF_6 回收、充气、净化功能、纯度和湿度调节功能。按照实验平台搭建要求进行管路连接，用专用抽真空设备连接 GIS 模型充气口，按照相应规程进行抽真空。当真空度达到 133Pa 开始计算时间，维持真空泵运转至少 30min 以上，停泵并与泵隔离，静观 30min 后读取真空度 A，再观察 5h 以上，读取真空度 B，并要求 B-A<67Pa 合格，否则要先检测泄漏点。

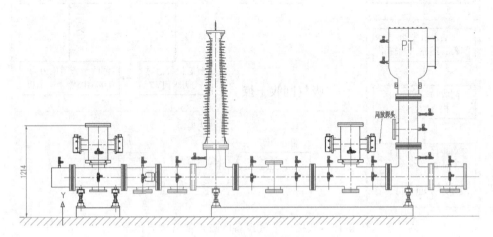

图 4-11 实验平台模型

（1）常温单接口工作模式。实验前对 126kV GIS 的模型充入 SF₆ 背景下的微水。用单接口开关模式进行工作，启动单接口开关模式，程序会根据气室里面的压力来判断是否先给 GIS 模型进行 SF₆ 充气操作，让 GIS 模型内的 SF₆ 压力达到额定压力。在 GIS 是额定压力的条件下进行吸气操作，通过 GIS 接口处的压力传感器来判断 GIS 内 SF₆ 气体是否达到压力报警低限，在达到压力报警低限前停止吸气过程。整个过程靠 GIS 内的压力大于装置内容器的压力进行气体的自动流动。在气体进入 GIS，流入装置内的容器前，先通过分子筛进行微水吸附及杂质净化。吸气停止 30s 后，进行呼气操作，装置内置容器的 SF₆ 气体通过无油压缩机把 SF₆ 气体压缩回 GIS，并根据 GIS 压力传感器反馈值来判定呼气状态停止。试验前后数据对比，见表 4-2。

表 4-2　单接口实验前后气体品质数据

时间/h	第一次微水/（μL/L）	第二次微水/（μL/L）	第三次微水/（μL/L）
处理前	1460	1440	1420
1	800	810	780
2	350	380	401
3	200	240	320
4	90	110	120

（2）常温双接口工作模式。双接口工作模式，126kV GIS 模型两端各有一个充气接头，按照双接口呼吸模式，把 GIS 模型上的两个充气接头分别连接呼吸置换装置上对应的两个接口，按照单接头模式里的实验条件给 GIS 进行充气，并用 SF₆ 湿度检测仪记录充入 GIS 模型的气体。实验前后数据对比，见表 4-3。

表 4-3 双接口实验后气体品质数据

时间/h	第一次微水/（μL/L）	第二次微水/（μL/L）	第三次微水/（μL/L）
处理前	1450	1430	1425
1	520	560	490
2	243	227	189
3	132	119	96
4	54	45	39

（3）结论。单接口工作模式与双接口工作模式都分别处理 3 组微水，6 组实验微水的初始值偏差在 30μL/L，排除测量仪表的偏差，可以认为 6 组实验的初始微水含量是一样的。双接口除湿气体流量是单接口除湿气体流量的 2 倍，从表 4-4、表 4-5 可以看出，单接口工作一个小时，微水含量由初始的 1450μL/L 下降为 800μL/L，双接口工作一个小时，微水含量由初始的 1450μL/L 下降为 520μL/L，双接口模式置换效率明显高于单接口模式。

在实验过程中配合特高频局放仪实时在线监控局放量的变化；根据带电测试谱图（图 4-12）分析，在工作的过程中没有放电。

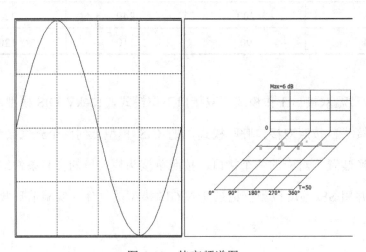

图 4-12 特高频谱图

（4）置换速率验证。为验证气体置换速率参数，特选定一个容积约 110L 的容器进行测试。设定额定最大压力为 0.6MPa，额定最小压力为 0.5MPa，安全压力区间为 0.1MPa，为了保证每次呼吸都能达到最大量，设定吸气停止压力为 0.5MPa，呼气停止压力为 0.6MPa。一个呼吸过程处理气体流量为：

$$Flow = \Delta P \cdot V$$

式中：$Flow$ 为一个呼吸过程处理的 SF$_6$ 气体流量，单位 L；ΔP 为 GIS 额定压力上下限之差，单位 MPa；V 为有效容器，单位 L。

装置上具有秒表计时功能，记录一次呼吸时间，整个装置的置换速率为：

$$\upsilon = Flow / T$$

式中：T 为一次呼吸过程需要的时间，单位 min。

表 4-4　气体置换用时

模式	第一次处湿过程时间	第二次处湿过程时间	第三次处湿过程时间	第四次处湿过程时间
单接口模式	3″57	3″55	3″56	3″55
双接口模式	2″27	2″27	2″28	2″26

我们对呼吸时间进行了统计，每次呼吸过程时间都不一样，可以取一个最长呼吸时间来计算速率，为了计算方便，把呼吸时间设为 4min，装置置换速率计算式为：

单接口模式速率＝$Flow/T$＝110L/4min＝27.5L/min＝1.65m³/h

双接口模式速率＝$Flow/T$＝110L/3min＝36.6L/min＝2.2m³/h

在两种呼吸置换模式下速率分别为 1.65m³/h 和 2.2m³/h，满足设计的额定置换速率 1m³/h。

2. 现场试验

（1）母线气室除湿。在某110kV GIS变电站母线气室采用不停电除湿设备进行现场测试。在除湿工作之前，设定呼吸速率1.2m³/h，现场设备只有一个充气接口，所以选用单接口模式对GIS除湿测试，测试现场如图4-13所示，每1h记录一次微水密度变化，整理结果见表4-5。

图 4-13　GIS 除湿测试现场

表 4-5　GIS 除湿测试数据

时间/h	微水密度 /（μL/L）	时间/h	微水密度 /（μL/L）	时间/h	微水密度 /（μL/L）
0	249.40	8	196.00	16	189.30
1	212.30	9	195.80	17	190.40
2	203.10	10	195.60	18	190.19
3	198.50	11	195.19	19	191.00
4	197.30	12	188.30	20	191.00
5	196.00	13	188.69	21	191.80
6	196.50	14	188.10	22	192.50
7	196.40	15	189.19		

结论：处理前气室内气体湿度达到 249.4μL/L，经过 1 个小时的处理，气体湿度为 212.3μL/L，明显下降，达到允许指标范围内，压力表没有明显变化。再经过长时间的测试，微水处理效果不再明显。通过在线对 SF₆ 电气设备呼吸置换 SF₆ 气体中的微水，可以达到不停电除湿的目的。

（2）刀闸气室除湿。选用单接口模式对 1#PT 刀闸气室、2#PT 刀闸气室进行除湿工作，现场照片如图 4-14 所示，部分数据采集并记录了测试的结果，见表 4-6。

图 4-14 对刀闸气室除湿测试现场

表 4-6 刀闸气室除湿测试数据

1#PT 刀闸气室		2#PT 刀闸气室	
日期	湿度值/（μL/L）	日期	湿度值/（μL/L）
4 月 24 日	372	5 月 16 日	725
4 月 25 日	303	5 月 17 日	670
4 月 26 日	264	5 月 21 日	282
4 月 27 日	243	5 月 22 日	230

续表

1#PT 刀闸气室		2#PT 刀闸气室	
日期	湿度值/（μL/L）	日期	湿度值/（μL/L）
4 月 28 日	219	5 月 23 日	189
4 月 30 日	158	5 月 27 日	96
5 月 8 日	91	5 月 29 日	68
5 月 9 日	74	5 月 30 日	58

结论：对 1#PT 刀闸气室和 2#PT 刀闸气室进行在线不停电除湿试验，通过连续工作，可以让 SF_6 气体中微水含量下降到标准值以下。

五、工程应用

1. 应用案例一

山西某公司发现 GIS 变电站一避雷器气室 SF_6 微水含量超标，采用不停电除湿设备到现场进行处理，如图 4-15 所示。

图 4-15　对避雷器微水处理现场

在除湿工作之前，通过避雷器上安装的密度继电器发现气室内压力下降，先把气室压力补气到额定压力。然后设定呼吸速率1.2m³/h，现场设备只有一个充气接口，选用单接口模式对避雷器进行除湿工作，并记录了3个小时内微水变化曲线，如图4-16所示。

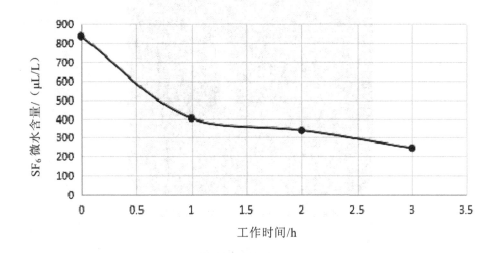

图4-16　避雷器微水变化趋势

结论：处理前气室内气体湿度达到837μL/L，经过1个小时的处理，气体湿度明显下降，达到允许指标范围内。通过在线对SF₆电气设备呼吸置换SF₆气体中的微水，可以达到不停电除湿的目的。

2. 应用案例二

辽宁省某公司线路开关互感器气室湿度超标，由于该线路的重要性无法进行停电检修，需要在线除湿，现场处理如图4-17所示。选用单接口模式对避雷器进行除湿工作，并记录了4个小时内微水变化曲线，如图4-18所示。

图 4-17 对某互感器除湿工作现场

SF$_6$微水含量变化趋势

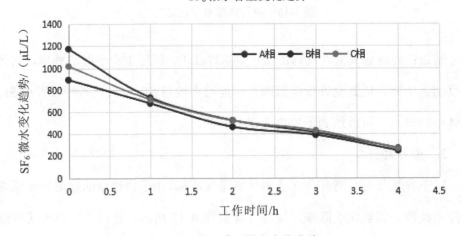

图 4-18 某互感器微水变化曲线

结论：在对该线路三相互感器气室进行在线不停电除湿，通过连续工作 4 个小时，SF$_6$气体中微水含量下降到 300μL/L 以下。在连续工作 4 个小时后需要对呼吸机设备内的分子筛进行再生,通过对呼吸机内的分子筛进行加热和抽真空,让分子筛吸附的微水进行释放,然后让分子筛进行降温。再生后的分子筛吸附效果会更强。通过这种分子筛的再生吸附,可以达到循环再利用。现有GIS设备充气接头大都只有一个,只能用单接口模式进行工作。双接口工作模式可以更快地达到除湿效果,在工作的过程中GIS气室的压力基本没有波动,也不会造成压力报警问题。

第五章　SF₆吸附剂处理技术

随着六氟化硫绝缘设备检修的开展，大量吸附剂亟待回收和处理。目前，退役 SF_6 吸附剂的处理方式都是将回收的吸附剂累积到一定量后，统一用碱水浸泡数十小时后深埋 0.8m。该传统处理过程包括收集、转运、人工处理、深埋等多个环节，整个过程费时费力、处理效率低下，且不可避免造成一定程度的环境污染。另外，该处理方法的净化手段单一，处理成本也较高。因此，需要分析退役吸附剂的有毒成分，了解其含量和特性，研究退役吸附剂再生回收处理技术及方法，解决环境污染问题。

本章介绍了吸附剂热处理再生回收技术，获得了 SF_6 吸附剂的最优再生温度和热处理时间，并进行吸附剂性能恢复测试实验；通过对不同原因退役吸附剂的分类处理，得到各分类下添加碱的最佳用量和最佳处理时间，以降低吸附剂处理的能耗和成本；研究了基于退役 SF_6 吸附剂 pH 值的无害化处理技术，形成了相应的处理流程和方法；针对处理后的废物进行毒性研究，根据国家环保排放标准，形成基于 pH 值监测的处理后废物无毒化评估方法。

第一节　真空热处理再生回收技术

一、热处理原理

热处理的本质是通过外部加热、升高温度来提高吸附质分子的振动能，使吸附平衡关系发生改变，实现将吸附质从吸附剂中脱附或是热分解。在热处理过程中，涉及吸附势能和吸附热。吸附势能是由于组成吸附剂分子结构的原子或原子团带有相反的电荷，吸附剂分子对外呈电中性，然而在构成吸附剂的最外层的原子层因没有更外层相反电性的原子制约，它的电性不平衡，使得吸附剂分子有抓住外界其他分子平衡自己电性的一种趋势。吸附热是指吸附过程产生的热效应。吸附热的大小可以衡量吸附强弱的程度，吸附热越大，吸附越强。

二、热处理实验条件分析

1. 热处理温度选定实验

在进行吸附剂热处理再生回收实验之前，先要选定吸附剂的热处理温度，通过热重曲线对比实验，选定吸附剂的最佳热处理温度，其实验步骤如下：

第一步：将退役回收的三袋受污染的吸附剂分为 A、B、C 三组，每组称取 50g，同时准备全新的未拆封吸附剂一袋作为对照组（D 组），分为若干分，每份 50g。

第二步：控制吸附剂温度在 20～100℃之间预热干燥后研磨，研磨后过筛，筛子目数为 300～500 目及以上。

第三步：从 100℃开始恒速升温加热，升温速度为 5℃/min，终止温度为 600℃，对各组吸附剂分别进行热重分析。

第四步：得到各组不同处理时间的热重分析数据，将各组吸附剂热重图进行比较，如图 5-1 所示。

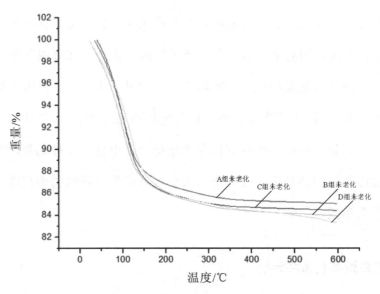

图 5-1 吸附剂热重分析对比图

第五步：记录数据，收拾整理实验仪器用品。

由图 5-1 可知，B、C、D 组吸附剂的热重分析曲线在 200℃时均出现交点，且均在此处出现转折点，失重速率变小，说明处理温度达 200℃时吸附的气体已基本完成脱附；同时当温度小于 200℃时，A、B、C 三组吸附剂的失重率均大于未拆封吸附剂的失重率，说明在此温度区间，吸附剂上的被吸附气体发生脱附，间接表明升温处理对吸附剂的回收是有效的。同时可以看出，随着温度的提高，吸附剂在升温至 200℃后的失重比变小，说明 200℃以后，提高热处理温度对吸附剂的回收效果提升不明显。故选定 200℃为吸附剂的热处理温度。

2. 热处理时间选定实验

热处理时间选定实验步骤如下：

第一步：将退役受污染的吸附剂放入高速震磨机研磨后过筛，保持筛子目数为 300~500 目及以上。

第二步：将过筛后的吸附剂分成若干份，每份 10g。

第三步：取其中一份放入加热箱，设定加热温度为 200℃，进行时间为 1h 的加热处理，以此类推，加热温度都设定为 200℃，再分别作时间为 2h、4h、8h 和 12h 的加热处理，加热后解吸附的气体经过气瓶储存后，送至 SF₆回收处理中心进行处理。

第四步：对不同热处理时间的吸附剂和未作热处理的吸附剂分别作傅立叶红外光谱分析，如图 5-2 所示。

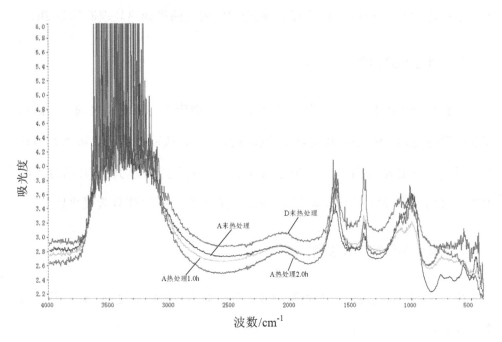

图 5-2　A、D 组的傅立叶红外光谱对比图

第五步：记录数据，收拾整理实验仪器用品。

由图 5-2 可知，未经热处理 A 组吸附剂在 758cm⁻¹、680cm⁻¹、569cm⁻¹、460cm⁻¹ 和 448cm⁻¹ 处有明显吸收峰，通过对比 SF₆气体分解产物红外光谱吸收波数据，并考虑红外光谱分析过程中导致的谱峰漂移引起的测量误差发现：

A 组吸收峰应该是 SOF_4、SF_4、SO_2F_2、SOF_2 等 SF_6 分解产物，说明 A 组吸附剂中可能吸附了以上分解产物。随处理时间的延长，对应 SOF_4、SF_4 等分解产物的吸收峰消失，其他分解产物的吸收峰明显减弱，表征此过程中硫化物的硫基官能团化学键发生了断裂并以一种可脱附气体形式释放出来，加热 2h 后，吸附剂吸附的 SF_6 降解产物的红外吸收峰强度明显降低，说明加热能够明显脱除吸附剂吸附的 SF_6 降解产物。超过 2h 后，红外图谱变化甚微，效果已不明显。说明在加热温度为 200℃，加热时间为 2h 的热处理条件下，可显著减少吸附剂内部的 SF_6 分解产物，因此也可选定吸附剂的最佳热处理时间为 2h。

三、真空热处理原理

在真空的环境中，由于环境干扰因素更小，吸附剂与吸附质之间的吸附势能和吸附热更弱，使得吸附质分子的振动能更大，从而使分子筛吸附剂内外压强梯度力也更大，利用更大的分子筛吸附剂内外压强梯度力便可以将分子筛内部更多的气体吸附质较容易地清除掉，吸附剂吸附性能恢复效果更好。

四、真空热处理实验步骤

第一步：将退役受污染的吸附剂放入高速震磨机研磨后过筛，保持筛子目数为 300~500 目及以上。

第二步：将过筛后的吸附剂称取 10g 样品放入坩埚备用。

第三步：将 10g 样品放入真空快速冷热冲击实验箱，设定加热温度为 200℃，加热时间为 2h 的加热程序，解吸附出的有毒气体用气瓶密封储存后，送至 SF_6 再生车间进行处理。

第四步：启动程序，等待真空热处理完成。

第五步:将真空热处理后的吸附剂进行傅立叶红外光谱分析和吸附性能恢复测试。

第六步:记录数据,收拾整理实验仪器用品。

五、真空热处理实验结果与分析

1. 真空200℃下A、B、D组吸附剂处理2h对气体吸附的影响

控制真空加热仪的真空度为0.01Pa,处理温度为200℃,考察真空下处理时间为2h的分子筛对气体吸附的影响如图5-3所示。

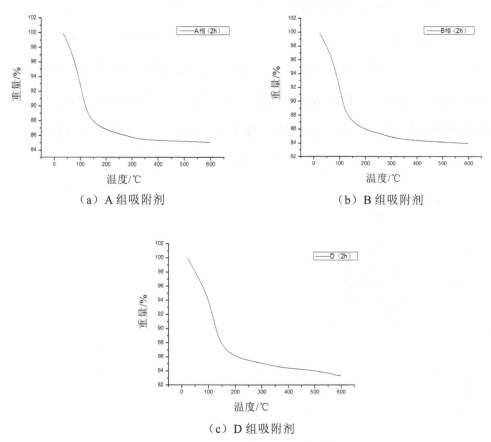

（a）A组吸附剂   （b）B组吸附剂

（c）D组吸附剂

图5-3　真空2h吸附剂热重图

由上述实验结果可知，A、B、D 组吸附剂经过微波 200℃加热处理后，三种分子筛均出现最大失重率对应温度右移的趋势，说明对分子筛进行微波处理可以解离分子筛吸附气体与内部孔道的离子键，减少分子筛内部吸附气体量，部分达到回收的目的。但是，在分子筛经过微波加热的基础上进行真空加热脱附处理，可以发现：处理后的 A、B、D 组吸附剂的基线随着真空处理时间的延长均下降。说明在原先微波加热处理的基础上对分子筛进行真空处理，可以进一步将分子筛深层吸附的气体脱附出来，从分子筛的热重曲线可知，基线越低，说明对分子筛的脱附处理越彻底，气体脱附量越多，失重比例越大。

2. 吸附剂真空热处理后的傅立叶红外光谱分析

图 5-4 为 A 组吸附剂 200℃真空老化 2h 的傅立叶红外光谱图谱，分析此图，发现 758cm^{-1} 和 569cm^{-1} 处的峰分别在真空加热处理 2h 后消失；569cm^{-1} 和 460cm^{-1} 处的吸收峰随着处理时间的加长依次减弱，说明真空加热处理分子筛有利于吸附气体的分离。真空加热 2h 后，吸附剂内的 SF_6 降解产物的红外吸收峰已经非常微弱，说明降解产物已经很少。

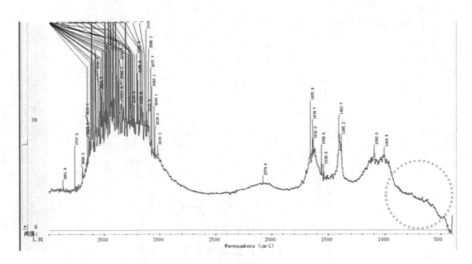

图 5-4　A 组吸附剂真空 200℃热处理 2h 的傅立叶红外光谱图

3. 真空热处理后的吸附剂再生测试实验结果与分析

不同气体吸附量吸附剂的比表面积和孔径会不同，经过微波加热预处理和真空脱附双重操作，由吸附剂热重曲线分析可知，吸附剂内部吸附气体均被脱附。理论上吸附剂的孔径会变大。

图 5-5、图 5-6 和图 5-7 分别为真空 200℃下不同热处理时间的 A 组吸附剂再生测试实验结果的比表面积、比体积和孔径变化趋势图（红色虚线表示全新未拆封吸附剂的平均性能，绿色虚线表示真空热处理后的吸附剂的平均性能）。图中比表面积和比体积在达到 2h 的真空热处理时间后趋势也呈稳定状态，表明吸附剂真空热处理 2h 的吸附性能也基本已达饱和，而孔径趋势随着热处理时间的延长也呈线性增长状态，也在 2～2.5h 之间超过全新未拆封吸附剂的平均孔径，表明真空加热并没有提高吸附剂的降解速度，因此，最佳真空加热时间仍为 2h。

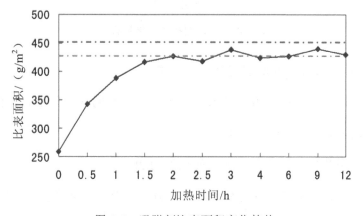

图 5-5　吸附剂比表面积变化趋势

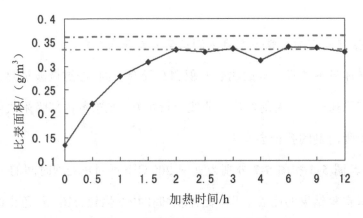

图 5-6　吸附剂比体积变化趋势

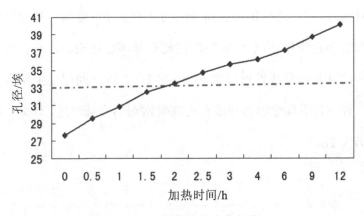

图 5-7　吸附剂孔径变化趋势

通过比较分析得出吸附剂真空热处理的结论：

（1）采用真空加热的方法能够提高 SF_6 吸附剂的回收效率，吸附剂回收处理后性能恢复率约为 85%～90%。

（2）真空热处理的最佳加热时间仍然为 2h。

（3）真空加热能够使吸附剂的吸附能力获得很大程度恢复，回收效果好，回收成本较高，经济性一般，且真空工作环境要求苛刻，不适宜大面积推广。因此，需要进一步开展研究吸附剂无害化处理工艺，实现对退役吸附剂去除氟化物的高效处理，经过处理之后的吸附剂不用经过深埋等复杂操作，可以当作一般工业废弃物处理，保证降低环境污染的同时又减少了深埋吸附剂工作的劳动强度。

第二节　基于 pH 值监测的无害化处理技术

一、吸附剂无害化处理原理

氧化铝、分子筛、KDHF-03 分子筛等 SF₆ 吸附剂中吸附的 SF₆ 气体分解产物主要有 SF_4、SOF_2、SO_2F_2、HF、SOF_4 和 S_2F_{10} 等，它们都是有毒氟化物，这些氟化物都能够与碱液发生中和反应。利用此特性，可以让有毒的氟离子分离出来变成易处理的氟钙盐沉淀。采用低价氟化物的吸湿水解特性，将退役回收的吸附剂与水充分混合，控制温度和搅拌速度，使低价氟化物水解成氟化氢。

备选强碱试剂 NaOH、KOH 和 $Ca(OH)_2$ 三种。NaOH 和 KOH 试剂优点是与氟化物反应快，缺点是价格贵，而且 NaOH 和 KOH 与氟化物反应生成的氟钠盐和氟钾盐为可溶物，氟离子容易再次释放出来，造成二次污染。而 $Ca(OH)_2$ 试剂虽然与氟化物反应较慢，但它价格便宜，与氟化物反应生成的氟钙盐为沉淀物，化学性质稳定，不会再电离出氟离子造成二次污染。因此，采用 $Ca(OH)_2$ 试剂来对退役 SF₆ 吸附剂进行无害化处理。

氟化氢和氢氧化钙在一定条件下生成氟化钙沉淀。该方法原理可行，原料易得，处理工艺简单，处理效率高，且对于不同种类退役吸附剂的无害化处理也都具有适用性。

具体反应式如式（1）、式（2）所示：

$$F^- + H_2O = HF + OH^- \tag{1}$$

$$2HF + Ca(OH)_2 = CaF_2 \downarrow + 2H_2O \tag{2}$$

目前，所处理的吸附剂为六氟化硫绝缘设备中使用最广泛的 KDHF-03 型吸附剂，其化学通式为 $Al_2O_3 \cdot 4SiO_2 \cdot xFe_2O_3 \cdot yMgO \cdot nH_2O$。它可以有效地吸附低氟化合物、酸性物质和水分，尤其对 SOF_2、SO_2F_2、S_2F_{10} 有较强的吸附性能。

二、SF₆ 吸附剂分类

SF_6 吸附剂在不同的电气设备服役中，造成其退役的原因比较多。某些设备局放较剧烈导致绝缘气体 SF_6 降解消耗较快而使吸附剂相对较短时间内吸附饱和，或是某些电气设备自身运行要求绝缘条件较高导致吸附剂更换相对较频繁，或是吸附剂一直服役到其工作年限等原因导致吸附剂退役，或是设备检修导致吸附剂退役。

将不同原因退役的吸附剂进行分类。未使用的新吸附剂设置为 A 组，服役时间 2 年而退役吸附剂设置为 B 组，服役时间 10 年及以上而退役的吸附剂设置为 C 组，因设备烧毁而退役的吸附剂设置为 D 组，见表 5-1。下文中将通过实验研究来获得不同原因退役的吸附剂与处理所需 $Ca(OH)_2$ 量的比例关系。

表 5-1 SF₆ 吸附剂分类

使用强度	分组
未使用	A
服役 2 年	B
服役 10 年	C
烧毁	D

三、实验过程及步骤

实验采取碱处理方法，以 KDHF-03 型 SF₆吸附剂为对象进行相关实验研究。根据前述将四种不同原因退役的吸附剂分为 A、B、C、D 四组，其中 A 为未使用的吸附剂（作对照组），B 为使用 2 年的吸附剂，C 为使用 10 年的吸附剂和 D 为烧毁六氟化硫绝缘设备中的吸附剂。每组分为若干份，每份 50g。

具体实验过程如下：

（1）在对其进行成分分析前，采用行星球磨机对四组样品研磨 8min，获得 SF₆吸附剂粉末，如图 5-8 所示。

图 5-8　吸附剂样品粉末

（2）分别从四组 SF₆吸附剂粉末中取出 5g 放置于 500mL 烧杯中，各加入 200mL 的蒸馏水（pH=7.06），并不断搅拌 40min 后，分别测量四组浑浊液的 pH 值，得到 A 组 pH=8.19；B 组 pH=6.32；C 组 pH=5.51；D 组 pH=4.23；见表 5-2。

表 5-2 处理前各组吸附剂粉末溶于水后的酸碱度

分组	处理前各组酸碱度 pH	处理后各组酸碱度预期 pH
A	8.19	—
B	6.32	7.0
C	5.51	7.0
D	4.23	7.0

（3）用 $Ca(OH)_2$ 溶液对 B 组、C 组、D 组进行滴定，根据 $Ca(OH)_2$ 溶解度控制反应温度，反应中不停搅拌，如图 5-9 所示，每隔 2min 检测溶液 pH 值，至 B 组、C 组、D 组的 pH=7.0 时结束滴定，处理后各组的 pH 值见表 5-3。

图 5-9 搅拌反应液

表 5-3 处理后各组吸附剂的酸碱度

分组	处理前各组 pH	处理后各组 pH	反应时间/min	国家污水排放标准 pH
B	6.32	7.02	48	6~9
C	5.51	7.04	52	6~9
D	4.23	7.03	63	6~9

（4）对 B、C、D 三组浑浊液进行低压过滤，过滤出的固体放入 63℃的烘箱中烘干。

（5）将烘干的四组样品进行傅立叶红外检测。

（6）重复以上（1）～（5）五个步骤，重复实验 2 次。

综上，3 次实验获得吸附剂处理前、后的 pH 值与反应时间均十分接近，下文中以表 5-3 中的数据为准。

四、实验结果

1. 不同使用强度吸附剂对浑浊液的 pH 值影响

A 组、B 组、C 组、D 组相同重量的吸附剂粉末，加入定量的蒸馏水进行搅拌溶解，产生了四种不同的 pH 值，并且对照组 A 的 pH 值最高。由上文可知，吸附剂中的主要成分之一 MgO 为碱性，易吸收水分和二氧化碳并逐渐成为碱式碳酸镁，与水结合在一定条件下生成氢氧化镁，呈微碱性反应，饱和水溶液的 pH 值为 8.19。随着吸附剂使用时间的增加，吸附剂的酸性成分也随之增加，相对应的 pH 值也随之减小。相同条件下吸附剂使用的年限越长，吸附的酸性成分越多。尤其在六氟化硫绝缘设备烧毁时，吸附剂吸附的酸性成分最多。

2. 不同使用强度吸附剂对 CaF_2 生成的影响

从图 5-10 可以看出，未经使用的 A 组吸附剂在 $3446.98cm^{-1}$、$2923.02cm^{-1}$、$2857.59cm^{-1}$、$1646.99cm^{-1}$、$13834.45cm^{-1}$ 和 $998.57cm^{-1}$ 处有吸收峰，通过对比 KDHF-03 型吸附剂所含成分的红外光谱吸收峰数据（表 5-4），并考虑红外光谱分析过程中导致的谱峰漂移引起的测量误差可知，以上 A 组吸收峰应该是 H_2O、Al_2O_3、SiO_2、Fe_2O_3、$Mg(OH)_2$ 等化合物的特征吸收峰。

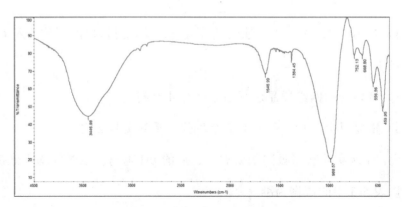

图 5-10   A 组吸附剂傅立叶红外光谱图

表 5-4   红外光谱吸收峰数据

成分种类	波数/cm^{-1}
H_2O	675，1631，3365
Al_2O_3	443，586，638，1460，2860，2925
SiO_2	453，786，1077，3339
Fe_2O_3	480，560，3433
MgO	501
$Mg(OH)_2$	466，1381，1467，2855，2921，3416
$CaF_2 \cdot XH_2O$	717，1344，1604，3390
$CaSO_3 \cdot 0.5H_2O$	3400，980，652
$Ca(OH)_2$	418，1418，3643

从图 5-11 可以看出，经过相同处理的四组吸附剂，在波数 3446.98cm^{-1} 处，可以明显发现 B、C、D 组的透光率低于 A 组，因为此时 D 组浑浊液中大量有毒酸性氟化物被 $Ca(OH)_2$ 中和为 CaF_2 沉淀，CaF_2 在此波数处有明显的吸收峰，而 B、C 组的浑浊液中含有氧化铝，与强碱 $Ca(OH)_2$ 反应生成四羟基合铝酸钙，羟基也在此波数处有明显的吸收峰，但是 B、C 组加入的氢氧化钙的量远远少于 D 组中和氟化物加入的量。所以在波数 3446.98cm^{-1} 处，D 组有最低的透光

率，又因为 C 组比 B 组使用的年限长而生成了更多的 CaF₂，所以 C 组比 B 组有强一点的吸收率。

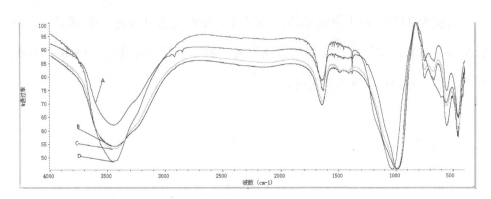

图 5-11　A、B、C、D 组的傅立叶红外光谱对比图

在波数 2923.02cm⁻¹ 和 2857.59cm⁻¹ 处，对比 A 组，可以发现，B、C、D 组几乎没有吸收峰，因为此时的 B 和 C 组的 Al_2O_3 在强碱的作用下生成了四羟基合铝酸钙，而 D 组的 Al_2O_3 在酸性条件下生成 Al^{3+}。

在波数 1646.99cm⁻¹ 处，新形成的 CaF_2 以及新加入的 $Ca(OH)_2$ 在过滤干燥后都带了大量的结合水，所以在此处，B、C、D 三组比 A 组有更强的吸收峰。在波数 1384.45cm⁻¹ 处，由于在碱性条件下，A 组存在大量 $Mg(OH)_2$，B、C 组存在大量 $Mg(OH)_2$ 和 $Ca(OH)_2$，这两种物质在此处有更强的吸收峰。

在波数 998.57cm⁻¹ 处，四组吸附剂的吸收几乎一样，因为这是 SiO_2 的特征波数，SiO_2 几乎不溶于溶液状态的碱。

在波数 752.13cm⁻¹、668.80cm⁻¹、556.56cm⁻¹ 和 459.95cm⁻¹ 处，A、B、C 有吸收波峰，因为在碱性条件下吸附剂中的 MgO 生成了碱式碳酸镁，碱式碳酸镁在 400～900cm⁻¹ 之间有吸收是由于碳酸根（CO_3^{2-}）弯曲所导致的。而 D 组浑浊液在酸性条件下滴定中和，生成的碱式碳酸镁较少，所以在某些波数上不呈现吸收峰。

3. 不同使用强度的吸附剂的氢氧化钙用量分析

根据氢氧化钙在不同温度下具有不同的溶解度，如图 5-12 所示，本实验操作温度为 27℃，由于氢氧化钙在 20℃下，溶解度为 0.165g，在 30℃下，溶解度为 0.153g，利用线性求解的方法得到，27℃下的溶解度为 0.1566g（100g水中，溶解 0.1566g 的氢氧化钙）。

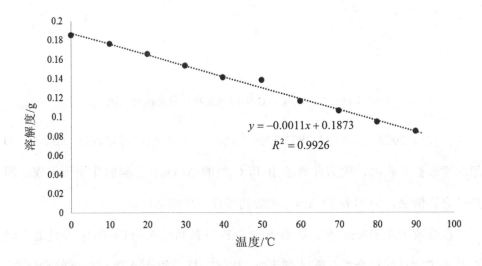

图 5-12　氢氧化钙在不同温度下的溶解度（g）

用饱和澄清石灰水（27℃下）将 B、C、D 分别由 pH=6.32、pH=5.51、pH=4.23 滴定到 pH=7.00 左右。通过实验记录数据，分别耗用氢氧化钙溶液 13.80mL（12.896g）、30.90mL（29.797g）和 85.85mL（85.463g）。根据氢氧化钙的溶解度，相对分子质量可以确定出，不同使用强度（B、C、D）下的吸附剂，耗用的氢氧化钙的质量：

$$m_B = 0.1566 \times 0.01 \times 12.896 = 0.02019g$$

$$m_C = 0.1566 \times 0.01 \times 29.797 = 0.04666g$$

$$m_D = 0.1566 \times 0.01 \times 85.463 = 0.13384g$$

显然,通过溶解相同量的吸附剂粉末(5g),调节至相同的pH值(pH=7.00),使用10年的吸附剂(C)相对使用2年的吸附剂(B),需要的氢氧化钙的质量为2.311倍,说明使用时间越长的吸附剂,吸附的酸性成分相对越多,该结果与红外分析结果相吻合。

通过比例换算,对于使用2年的吸附剂(B),溶解100g吸附剂,调节pH值至7.04,需使用4.038g的氢氧化钙。对于使用10年的吸附剂(C),溶解100g吸附剂,调节pH值至7.02,需使用9.332g氢氧化钙。

烧毁六氟化硫绝缘设备中的吸附剂(D),进行中和处理。溶解吸附剂粉末(5g),调节pH值至7.03时,烧毁六氟化硫绝缘设备中的吸附剂(D)需要的氢氧化钙的质量为0.13384g。即溶解100g吸附剂(D),调节pH值至7.03,需使用26.77g氢氧化钙,见表5-5。

表5-5　退役吸附剂环保处理消耗氢氧化钙的量

分组	吸附剂质量/g	氢氧化钙质量/g	百分比/%
B（2年）	100	4.038	4.1
C（10年）	100	9.332	9.3
D（烧毁）	100	26.768	26.7

4. 氢氧化钙用量对除氟实验效果的影响

不同氢氧化钙用量的粉末待测样品红外检测结果如图5-13所示。经红外图谱分析可知,粉末待测样品3400cm⁻¹处无透射峰,说明粉末样品中不存在羟基基团。在2900cm⁻¹、1450cm⁻¹处出现较明显且尖锐的倒峰,说明对应的三种用量的氢氧化钙均与氟化物反应生成了氟化钙。因氟化钙在2900cm⁻¹左右出现的吸收最强,因而分析灵敏度最高,选择2900cm⁻¹的波数作为粉末待测液中是否存在氟化钙的依据。经分析，随着氢氧化钙用量增高，2900cm⁻¹ 波数对应的归一化率依次为 63%、76% 和 73%。结果显示，吸附剂用量为 50g，反应时间为 1h，温度为 90℃，氢氧化钙用量为 10g 时，生成的氟化钙含量达到最大，即吸附剂中氟化物去除效果最好。

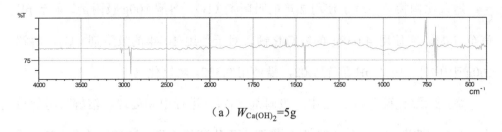

（a）$W_{Ca(OH)_2}=5g$

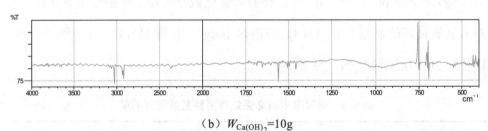

（b）$W_{Ca(OH)_2}=10g$

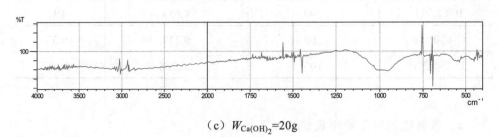

（c）$W_{Ca(OH)_2}=20g$

图 5-13　不同氢氧化钙用量的粉末待测样品红外检测结果

5. 反应时间对除氟实验效果的影响

不同反应时间的粉末待测样品红外检测结果如图 5-14 所示。经红外图谱分析可知，粉末待测样品在 2900cm⁻¹ 和 1450cm⁻¹ 处出现较明显且尖锐的倒峰，说明对应的三种浓度氢氧化钙均与氟化物反应生成了氟化钙。经分析，随着反

应时间延长，反应时间为 1h 的所对应 2900cm⁻¹ 波数处的归一化率依次为 71%
和 76%。结果显示，在吸附剂用量为 50g，温度为 90℃，氢氧化钙用量为 10g，
反应时间为 1h 时，生成的氟化钙含量达到最大，即吸附剂中氟化物去除效果
最好。

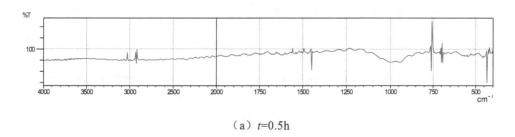

（a）t=0.5h

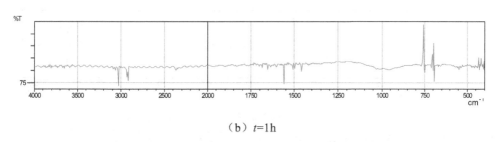

（b）t=1h

图 5-14　不同反应时间的粉末待测样品红外检测结果

6. 反应温度对除氟实验效果的影响

不同反应温度的粉末待测样品红外检测结果如图 5-15 所示。经红外图谱
分析可知，粉末待测样品在 2900cm⁻¹ 和 1450cm⁻¹ 处出现较明显且尖锐的倒峰，
说明对应的三种浓度氢氧化钙均与氟化物反应生成了氟化钙。经分析，随着温
度升高，2900cm⁻¹ 波数对应的归一化率依次为 54%、81% 和 91%。结果显示，
在吸附剂用量为 50g，氢氧化钙用量为 10g，反应时间为 1h，温度为 90℃时，
生成的氟化钙含量达到最大，即吸附剂中氟化物去除效果最好。

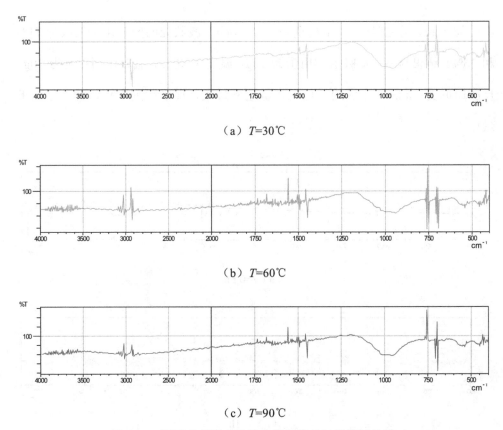

（a）$T=30℃$

（b）$T=60℃$

（c）$T=90℃$

图 5-15　不同反应温度的粉末待测样品红外检测结果

7. 实验结论

退役 SF_6 吸附剂进行碱化处理时，利用氢氧化钙与氟离子反应生成了难以溶解的氟化钙沉淀。采用傅立叶红外光谱分析法对不同使用状态的 SF_6 吸附剂碱化处理实验结果进行了红外图谱分析，并定量确定了 SF_6 吸附剂无害化处理的目标产物 CaF_2 和 $CaSO_3$ 沉淀以及不同分类下吸附剂与碱用量的比例关系。

通过采用不同氢氧化钙用量、不同反应时间和不同反应温度来对 SF_6 吸附剂进行的一系列碱化处理实验结果进行分析，得出如下结论：

（1）在氢氧化钙用量超过吸附剂用量的 20%（重量比率）时，增加氢氧化钙用量，对氟化物的去除效果提高不显著。同时考虑氢氧化钙用量过多会增加掩埋地的盐碱度，故选择氢氧化钙用量为吸附剂处理重量的 20%。

（2）延长反应时间并不能明显提高处理效果，但考虑实际处理中，处理量较大，为确保反应完全，选定处理时间为 1h。

（3）升高温度对处理效果影响明显，处理温度 90℃时，处理产物中氟化钙归一化率达到 91%，在已有研究条件下，为保障操作人员安全，确定反应温度为 90℃。

（4）用于进行吸附剂无害化处理的最佳原料用量与工艺条件：氢氧化钙用量为吸附剂处理重量的 20%，处理温度为 90℃，处理时间为 1h。

五、吸附剂无害化处理后稳定性分析

1. 开展稳定性分析的意义

氟化物与 Ca(OH)$_2$ 碱化处理后生成的 CaF$_2$ 在不存在浓无机酸的条件下，化学性质较为稳定，但出于工程实际要求，无害化处理后的 SF$_6$ 吸附剂是否可当作一般工业废弃物处理，需要进行进一步论证。为此，有必要通过实验来评价无害化处理后的 SF$_6$ 吸附剂的化学稳定性。

2. 实验原理

实际环境中验证无害化处理后的吸附剂是否会造成环境污染，会因等待时间太长而不现实（少则几个月多则几年）。为此，在实验室里模拟实际自然环境，加速吸附剂的释放过程，为此对氟化钙进行沸水蒸煮实验，实验系统如图 5-16 所示。其实验原理是：对氟化钙分散液经旋转平衡升温加热蒸煮（模拟实际自然环境的物理过程），将蒸煮后的氟化钙悬浊液静置分层后得到的清液来进行傅立叶红外光谱分析，检测是否含有加热蒸煮后游离出来的含氟离子，

以此来判别氟化钙的化学性质是否稳定,即判别无害化处理后的 SF$_6$ 吸附剂是否会对环境造成二次污染。

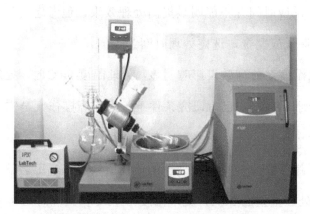

图 5-16 氟化钙沸水蒸煮实验系统

3. 无害化处理后的吸附剂稳定性沸水蒸煮检测实验步骤

第一步:称取不同氢氧化钙用量、不同反应时间和不同反应温度碱化处理后的 SF$_6$ 吸附剂样品各 10g 放入烧杯备用。

第二步:将各吸附剂样品加水浸泡配成分散液。

第三步:将分散液放在蒸煮实验系统上 100℃ 旋转平衡升温加热蒸煮至沸腾。

第四步:将蒸煮后的悬浊液静置分层,收集位于上层的清液备用。

第五步:对清液进行傅立叶红外光谱分析。

第六步:记录数据,收拾整理实验仪器用品。

4. 实验结果与分析

图 5-17 是不同氢氧化钙用量的沸水蒸煮清液样品红外检测结果。在 2900cm^{-1} 左右波数处出现的峰值最强、分析灵敏度最高的氟化钙吸收峰,表明氟元素都以氟化钙稳定化合物形式存在,没有以离子态游离出来。

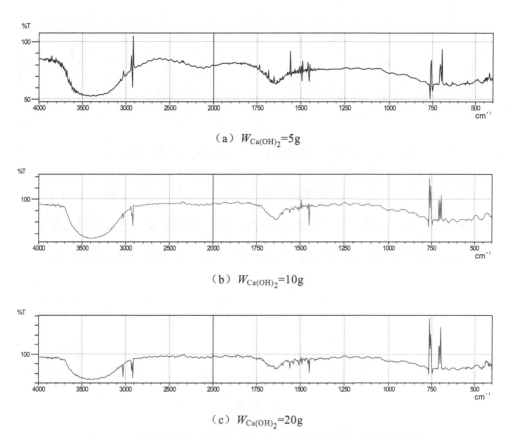

（a）$W_{\mathrm{Ca(OH)_2}}$=5g

（b）$W_{\mathrm{Ca(OH)_2}}$=10g

（c）$W_{\mathrm{Ca(OH)_2}}$=20g

图 5-17　不同氢氧化钙用量的沸水蒸煮清液样品红外检测结果

图 5-18 是不同反应时间的沸水蒸煮清液样品红外检测结果。由图可知，在 2900cm^{-1} 左右波数处出现的峰值最强、分析灵敏度最高的氟化钙吸收峰，表明氟元素也都以氟化钙稳定化合物形式存在，没有以离子态游离出来。

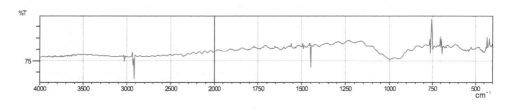

（a）t=0.5h

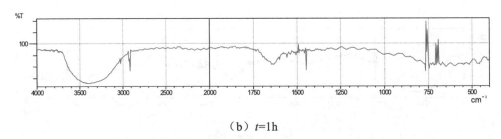

（b）t=1h

图 5-18　不同反应时间的沸水蒸煮清液样品红外检测结果

图 5-19 是不同反应温度的沸水蒸煮清液样品红外检测结果。由图可知，在 2900cm^{-1} 左右波数处出现的峰值最强、分析灵敏度最高的氟化钙吸收峰，表明氟元素也都以氟化钙稳定化合物形式存在，没有以离子态游离出来。

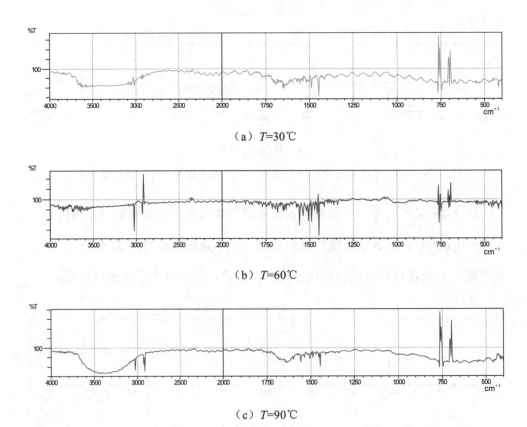

（a）T=30℃

（b）T=60℃

（c）T=90℃

图 5-19　不同反应温度的沸水蒸煮清液样品红外检测结果

5. 实验结论

通过吸附剂无害化处理实验和对无害化处理后的吸附剂稳定性沸水蒸煮检测实验，得出如下结论：处理后的 SF₆吸附剂化学性质稳定，不会重新形成对环境有害的含 F 离子，可以当作一般工业废弃物处理。

第三节　吸附剂无害化处理后的评估和分析

为了保证吸附剂经环保处理后生成的沉淀和液体满足国家相关的污水、固体环保排放标准，需要对无害化处理后的吸附剂进行评估。在进行无害化处理时，首先可实时监测反应液的 pH 值，以反应液的 pH 值为参考判断 $Ca(OH)_2$ 与吸附剂反应的进行程度。当 pH 值接近设定的参考值时，控制 $Ca(OH)_2$ 的注入。最终反应液的 pH 值应符合排放标准要求（表 5-6）。

表 5-6　排放标准

污染物	适用范围	一级标准	二级标准	三级标准
pH	一切排污单位	6～9	6～9	6～9
硫化物	一切排污单位	1.0	1.0	2.0
氟化物	黄磷工业	10	20	20
	低氟地区（水体含氟量<0.5mg/L）	10	20	30
	其他排污单位	10	10	20

根据 GB18599—2001，一般工业固体废物系指未被列入《国家危险废物名录》或者根据国家规定的 GB5085 鉴别标准和 GB5086 及 GB/T15555 鉴别方法判定不具有危险特性的工业固体废物。根据前文对实验中涉及的所有物质成分的分析，不存在上述标准中所提及的国家危险废物。对退役 SF₆吸附剂

的环保处理应用的最终目的就是把环保处理后的吸附剂当作一般工业废弃物进行掩埋或销毁。

SF$_6$吸附剂经前文所述化学方法处理后,采用静置分层法将残留的液体、固体分离。对固体成分进行过滤和冲洗,冲洗后液体倒入原处理后的废液中。若反应完全则得到的固体主要成分主要有经氢氧化钙处理后的目标产物CaSO$_3$、CaF$_2$,和反应中产生的其他难溶物 Mg$_2$(OH)$_2$CO$_3$、Al(OH)$_3$、CaCO$_3$以及吸附剂自身成分 Al$_2$O$_3$、SiO$_2$、Fe$_2$O$_3$ 和 MgO 等,这些成分均不会对环境造成破坏。因此,吸附剂处理后的固体废物可以当作一般工业废弃物处理。

但通过上述描述可知,上述评估成立的基础是吸附剂溶液中所有的氟元素完全反应生成不可电离的沉淀。为了避免存在少量未能反应的氟元素以及金属元素,需进一步对反应液进行检测。反应液划分为废固和废液两个部分通过氢火焰原子吸收光谱仪、傅立叶红外光谱仪、气相色谱质谱联用仪进行实验,验证其是否符合排放标准。

一、金属离子检测实验

(1)取一份处理后的反应液样品,该样品呈奶茶状,静置后明显分层,上层为无色液体,下层为褐色沉淀。取上层溶液为样品 A,下层沉淀为样品 B,整个实验温度维持在 22℃,湿度为 60%。

(2)称取 2.0g 样品 B 置于电鼓风干燥箱中干燥 24h 后得到固体样品,再将样品放置烧杯中加入用天平称量的 8.0gNH$_4$Cl 固体,用玻璃棒的平头端压碎块状物,均匀搅拌 20min,使其混合完全;再加入 12.0mL12mol/L 的浓盐酸和4～8 滴 8mol/L 的浓硝酸试剂,盖上表面皿,置于已预热的电炉上加热 20～30min,直至无黑色或灰色的小颗粒,取下烧杯,冷却后加入 40.0mL、60℃的热水，不断搅拌使盐类溶解后定容到 500.0mL 容量瓶中，分别移取标液置于不同的 50.0mL 比色管中，在距离刻度线 1cm 左右改用胶头滴管定容至 25.0mL，（在五种重金属离子，Ni、Pb、Cu、Cd、Cr 的线性范围内配制标准曲线溶液，包含五个浓度）摇匀，将溶液摇匀后若液面下降，不再加入溶液，将配置好的溶液贴好标签，获得处理后的固体样品溶液。

（3）取 25.0mLA 样品经玻璃棒引流过 0.45um 的水系滤膜获得处理后液体样品。

（4）原子吸收光谱仪中的火焰分为正常焰、富燃焰或贫燃焰，选择贫燃焰中的氢火焰检测经处理后的固体样品和液体样品，得到 Ni、Pb、Cu、Cd、Cr 五种重金属离子的含量。

二、红外光谱仪检测氟化合物实验

（1）用天枰称取 5.0g 样品 B 经电鼓风干燥箱干燥处理后得到固体样品，采用行星球磨机对其进行研磨至粉末状，加入少量干燥处理的 KBr，研磨至均匀细小，置入压片装置，放入压片机中，取出压片装置获得处理好的压片。

（2）处理好的压片放入傅立叶红外光谱仪中，对固体样品中的化学基团进行分析。消除固体样品红外谱图背景，存取扫描的红外谱图，并与已知标准谱图进行对照比较，找出主要吸收峰，对固体样品中的化合物进行定性分析，得到固体样品中含有的氟化物种类。

三、气相色谱质谱联用仪检测氟化合物实验

（1）用天平称取 5.0g 样品 B，甲醇挥干得到固体样品。

（2）气相色谱质谱联用仪 GC-MS 进行准备工作，其中该仪器中 SH-Rxi-5sil

MS 毛细管柱，规格为 30m×0.25mm×0.25um，连接顶空与质谱，将甲醇挥干后的固体样品置于顶空置样瓶中待上机，将仪器设置好检测参数，进样口、质谱离子源、接口温度设置为 150℃；柱温为 30℃并保持 6min，以 20℃/min 的升温速度升至 150℃，并保持 6min；电离方式为 EI，70eV；设置好参数后进行上机检测。并将检测后的谱图与标准谱图对比，得到样品中含有的氟化物的种类。

通过三种检测方法得出样品中上层液体及沉淀中的金属离子含量，沉淀中氟化物种类，判断环保处理后的 SF_6 吸附剂是否达到国家排放标准。若是达到，实验流程结束，可进行安全排放，否则重新进行环保处理并重新执行本方法的流程。

第四节　吸附剂无害化处理装置

一、装置的组成

SF_6 吸附剂无害化处理装置包括机架、PLC 控制器和处理机构。处理机构包含粉磨装置、加热装置、反应容器、温度监测装置、酸碱度监测装置、称重装置、自动加碱装置以及各种传感器。通过设置称重装置和自动加碱装置，实现退役六氟化硫吸附剂的自动化处理，提高退役六氟化硫吸附剂处理效率，缩短处理时间，降低处理成本。该装置结构简单，自动化程度高，可广泛应用，其电气控制如图 5-20 所示。

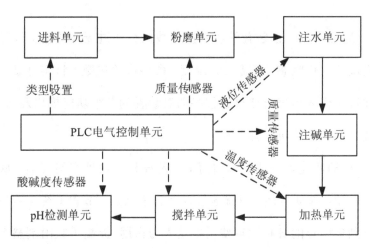

图 5-20　SF₆吸附剂无害化处理装置电气控制示意图

二、装置的特点

退役 SF₆吸附剂无害化处理装置具有以下特点：

（1）分类处理更加精细化，碱用量更合理。该装置的 PLC 控制器中的程序预置有不同原因退役吸附剂与所需碱中和的比例关系，可对退役的吸附剂进行精细化分类处理。若存在大量同一原因退役的吸附剂，可通过远程终端或是装置上的显示面板提前针对性地设置处理方法，处理器会自动设定对应的比例关系从而精确计算并添加所需碱的用量。该方法避免了以往处理方法中凭经验添加碱的用量的盲目性，显著提高原料的利用率。

（2）处理更加自动化、智能化。该装置采用 PLC 控制器、多种传感器以及多种驱动单元，包括质量传感器、液位传感器、温度传感器、酸碱度传感器等；控制器检测各传感器数据并做出判断，发送指令给该传感器对应功能单元的驱动模块以控制功能单元的动作。整个系统具备高度的自动化与智能化。

（3）远程控制。该装置的所有操作数据会通过无线传输至远程终端，各个功能模块的工作状态（如温度、湿度、酸碱度等参数）将实时显示在远程终端上，同时，工作人员也可通过远程终端对装置的各个功能模块发送动作指令。整个系统具有较高的可靠性。

（4）移动便捷。该装置结构简单，易操作，占地空间较小，底座配置有多功能万向轮，移动方便。可就地投入到各个站点，节省了统一搜集退役吸附剂再运送到集中点的各种运输费用以及人力占用，提高了吸附剂整个处理过程的效率以及便捷性。

（5）通用性强。该装置通用性较强，可适用于其他需要酸性或碱性或其他专用试剂无害化处理的固体吸附剂。

三、电气部分

SF_6 吸附剂无害化处理装置的铭牌数据见表 5-7。

表 5-7　SF_6 吸附剂无害化处理装置各项参数

设备总功率	4.6kW	频率	50Hz
额定电压	220VA	重量	50kg
额定电流	22.3A	防护等级	IP54

该装置的主电路接线、仪表接线、内部通信接线、PLC 控制器接线分别如图 5-21～图 5-24 所示。

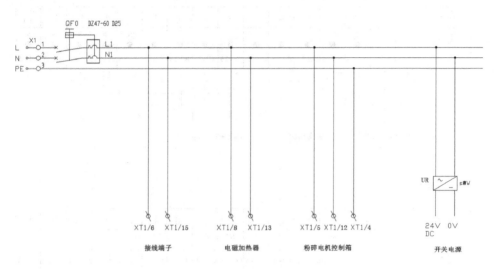

图 5-21 主电路接线原理图

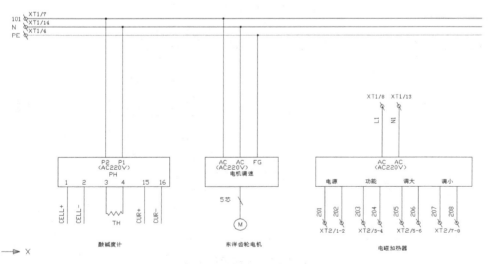

图 5-22 仪器仪表接线原理图

XT1:端子图

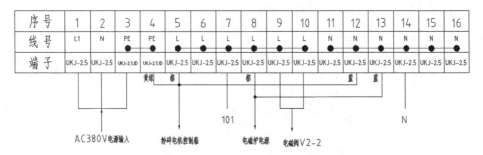

XT2:端子图

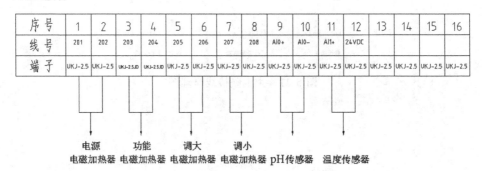

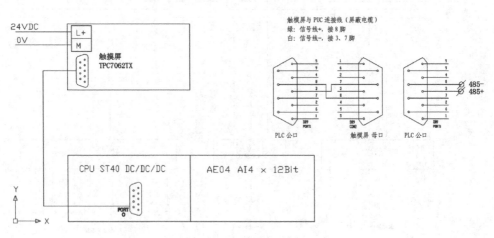

图 5-23　内部通信接线

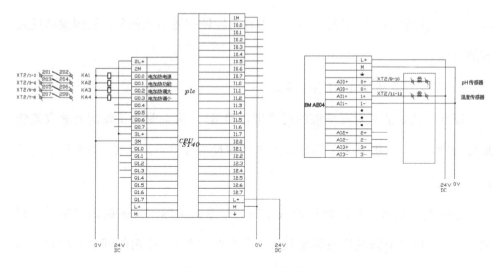

图 5-24　PLC 控制器接线

四、功能设计

1. 粉磨功能

粉磨主要是依据磨、削和挤压等原理，将体积较大的物体粉碎成需要的小体积物体。采用便携式粉磨装置，吸附剂结构为网状孔型架构，硬度较低，可以较为轻易地磨成粉末。

2. 加热功能

加热功能是为了控制反应液温度，加快反应速度，缩短反应时间。由于容器内为强酸碱环境，故不便于对溶液直接加热。采用感应加热原理，采用大功率电磁炉置于反应罐下，对反应罐进行电磁感应加热。

3. 搅拌功能

搅拌功能主要是为了充分溶解退役 SF₆ 吸附剂的各类吸附组分，加快反应速度。由于采用的独立实现粉磨功能的方案，因此，需要设计独立的搅拌装置。考虑到在后续生产过程中，调节搅拌速度的需要，采用低转速的变速电机，并在电机转轴上焊接两个刀片，刀片与转轴有较小的倾斜，达到搅动反应液的目的。

4. 温度与酸碱度（pH 值）监测

温度监测功能是对反应液的温度进行测量，一方面是为了监测并获取最佳反应温度，另一方面是为了防止温度过高使反应液沸腾。目前，温度传感技术已较为成熟。

酸碱度是反映分解产物处理效果的一个重要指标，反映的是化学反应程度，在反应过程中监测溶液的酸碱性十分必要。吸附剂吸附的低氟化物和其他产物溶于水或在水中分解，生成氢氟酸和亚硫酸等酸性物质，溶液呈现强酸性。当加入碱溶液后，溶液呈现酸性或碱性，随着反应的进行，溶液的 pH 值逐渐变为中性，当 pH 值不再变化时，可以认为化学反应基本完成。因此，可以通过监测溶液的 pH 值实现对酸碱度的监测，一方面可以间接反映化学反应情况，另一方面可以控制加入的碱量，防止碱太多。目前，pH 值传感器技术较为成熟，其原理是检测液体中的氢离子浓度。

5. 水位监测

水位监测的目的是监测反应罐中的水位。反应罐在正常工作中端盖是盖上的，不能直接观察水位。因此，为了控制水位，需要设置水位监测装置，控制加水量，防止因水位过高或过低造成危险。同时，采用在中和反应罐外设计一个透明的水位监测管，实现对水位的监测。

五、操作流程

退役 SF_6 吸附剂无害化处理装置具有较高的自动化程度，操作简便。

（1）开启总电源，操作液晶面板点亮；按"分类"按钮，设置待处理退役 SF$_6$ 吸附剂的类型。

（2）操作面板显示进料，此时从进料口加入待处理的吸附剂，完成后按"完成进料"按钮。

（3）PLC 控制器根据自身存储的吸附剂与碱用量的比例关系，自动计算所需的氢氧化钙的质量。

（4）PLC 控制器根据加入吸附剂的质量，自动计算磨成粉末所需的时间，并显示在液晶面板上，此时 PLC 控制器自动开启粉磨电机。

（5）粉磨电机工作结束后，PLC 控制器通过质量传感器自动采集吸附剂的质量，并显示在操作面板上。

（6）PLC 控制器根据吸附剂粉末质量，计算所需水量、氢氧化钙质量，并显示在液晶面板上。

（7）PLC 控制器开启进水阀门，通过液位传感器控制水的注入，通过质量传感器控制注入碱的质量。

（8）PLC 控制器关闭进水阀门，并开启电磁加热装置对反应液加热，通过温度传感器实时监测液温并将数据反馈给控制器。

（9）PLC 控制器开启搅拌电机开关，进行搅拌。

（10）PLC 控制器实时接收酸碱度传感器返回的 pH 值，反应液的 pH 值接近设定的参考值时，降低搅拌速度。

（11）pH 值保持 5min 变化小于 0.1，若此时反应的 pH 实际值-pH 参考值大于 0.1，PLC 控制器自动添加氢氧化钙，每次添加 10g。

（12）当 pH 实际值-pH 参考值小于 0.1 时，此后保持 10min 没有明显变化，PLC 控制器自行判断该次反应结束，将最终的吸附剂质量数据、氢氧化钙用量数据、反应用时数据显示在液晶面板并存储，关闭其他功能模块电源。

综上，人工只负责吸附剂的分类设置，整个处理过程自动化程度高，全程无须人工监管。SF$_6$吸附剂全智能化工艺流程如图 5-25 所示。

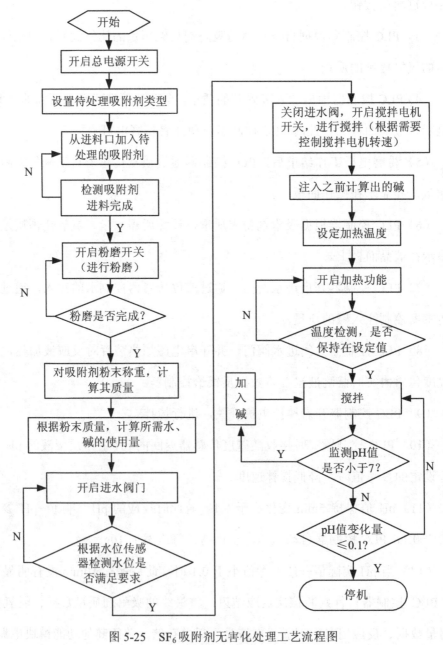

图 5-25　SF$_6$吸附剂无害化处理工艺流程图

六、装置操作规范

SF₆吸附剂无害化处理装置在保证高度的自动化的同时，保留了人工操作的功能。操作流程见表 5-8。

表 5-8 SF₆吸附剂全智能化装置人工操作流程指导卡

程序	操作人	操作步骤	注意事项	√
1		开启电源	开启前注意检查各部件开关状态	
2		在液晶面板上设置选择吸附剂类型		
3		从进料口加入待处理的吸附剂	加入后盖上封盖，防止粉磨过程中跳出	
4		根据液晶面板上的提示，设置输入粉末电机工作时间	注意观察面板上显示的吸附剂质量	
5		在液晶面板上开启粉磨开关，磨粉开始	检查密封情况，避免粉末溢出	
6		在液晶面板上开启进水阀门	观察水位计，控制进水量	
7		开启搅拌机阀门	观察搅拌机搅拌速度是否合适	
8		按照液晶面板上显示的数据，输入加入碱的质量	根据 PLC 控制器计算后显示在面板上的值，注入氢氧化钙的质量	
9		在面板上开启加热功能	注意温度的变化，防止液体沸腾溅出伤人	
10		在面板上开启搅拌电机	定期检测液体的 pH 值，观察变化情况	
11		关闭电源	液体 pH 值变化不超过 0.1	

该装置的优点：采用多种传感，处理过程更加自动化、智能化，添加所需碱或酸的量更为精确，处理流程得以简化，大大提高了退役 SF₆吸附剂处理的效率，且具备在各个站点大批量、大规模就地处理的能力。

第六章 六氟化硫绝缘设备环保检修技术应用

传统检修模式受恶劣天气、周围带电运行设备和停电时间限制，检修场地狭小、安全风险高、大型工机具无法使用，且有环境污染问题，已不适应设备及环境友好型社会的发展。开展六氟化硫绝缘设备工厂化环保检修技术研究，对明确设备内部故障状况、分析故障原因，减少电网停电时间，提高设备检修质量和效率，减少对人身和环境的危害有着重大意义，是解决电网规模发展瓶颈的客观需要。通过研制适应当前检修环境的六氟化硫绝缘设备检修工具，提高工作效率，降低使用人员的工作难度和强度，减少设备停电时间，提高设备检修质量，保证供电可靠性。

第一节 六氟化硫绝缘设备环保检修策略

一、总体思路

以建立六氟化硫绝缘设备工厂化检修基地为硬件支撑，以 SF_6 气体分级纯化再生装置、六氟化硫绝缘设备带电净化置换装置以及 SF_6 吸附剂无害化处理装置为基础，积极开展六氟化硫绝缘设备环保检修工作，不断提高设备检修质量，缩短检修停电时间，持续提升工厂化检修能力和效率，减少对人体的危害和对环境的污染，确保电网安全稳定运行和电力可靠供应。

二、总体目标

六氟化硫绝缘设备环保检修策略基于工厂化检修模式，轮换式检修思想，开展 SF_6 气体及吸附剂的集中存储、回收、环保处理，可在检修基地进行设备检修及修后试验，实现六氟化硫绝缘设备环保安全检修的目标。

三、检修方式

六氟化硫绝缘设备的检修方式为工厂化轮换检修方式，将需实施检修的设备，采用备品（或已检修设备）进行更换，分为工厂化现场检修和工厂化车间检修，均能实现检修废弃物的可控、能控。

（1）工厂化车间检修。将现场更换的检修设备运输至工厂化检修车间内进行工厂化检修，完成检修后的设备再进行下一轮轮换。工厂化车间检修不但提高了设备工厂化检修率，保证了检修质量，还缩短了现场检修停电时间，实现整个流程的环保化检修。

（2）工厂化现场检修。在工作现场搭建现场应急作业平台，采用相关辅助工具组件进行工厂化现场检修。该检修方式可以减少环境对检修过程的影响，减少设备的停电时间，节约成本，提高设备检修质量，提高工作效率，保证供电的可靠性。

四、工厂化环保检修策略

轮换检修策略是以"工厂化检修+现场轮换"的方式开展检修、抢修工作。利用备品或退役可再利用设备，经工厂化检修合格后，用于现场整体或部分更换（检修），换下的部分再进行工厂化检修，以备用于下一台设备检修或故障抢修使用，形成良性循环，如图 6-1 所示。

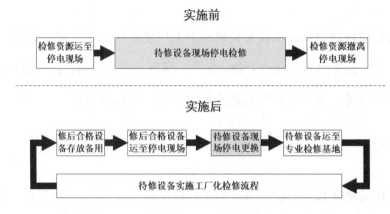

图 6-1 工厂化检修流程

通过工厂化轮换检修项目实施，极大地缩短检修停电时间，实现检修过程质量管控，降低检修风险，有效避免在六氟化硫等设备检修过程中可能出现的 SF_6 气体违规排放、人员误吸入有毒气体、检修质量不到位导致的重复检修等。

1. 检修-工程项目联动策略

近年来，随着设备增容以及因构架老化、载流量卡口等原因实施的技改项目增多，大量状态良好、未达到退役年限的设备退役为可再利用设备堆积库房，设备状态不能得到保障，利用效率低下。针对以上问题，可制定检修项目联动策略。

（1）建立可再利用设备管理机制，定期开展设备维护保养，对状况不良的设备开展工厂化检修，保证库存可再利用设备的健康水平。定期发布可再利用设备台账，优先使用该类设备，有效促进退役设备再利用工作。

（2）建立工厂化大修项目与技改项目联合储备机制。一方面，在储备技改项目时优先考虑使用可再利用设备；另一方面，在技改项目实施前储备大修项目对可再利用设备进行全面大修，确保设备"零缺陷"投入运行。

项目联动策略保障了设备的充分再利用，杜绝资源浪费，有效改善未达到退役年限的设备提前退役且长时间闲置损坏的现象，以可靠的检修资源和质量管控为保障前提，推动设备资产全寿命周期管理良性发展。

2. 厂企联合检修策略

随着设备规模的不断扩大，设备老龄化问题逐年显露，工作日益增多，检修人员配置有限，返厂大修费用又较高，时间效率低下，因此，采用厂企联合检修策略开展工作。

（1）部分部件外购方式。对于制造要求高、技术复杂、生产设备投资高的部件，采取设备制造厂家协议外购的方式购买。

（2）设备厂指导方式。对于检修的关键环节，通过设备制造厂家签订技术服务合同，由厂家到现场进行监督和指导，确保检修质量。

（3）设备厂到检修基地检修方式。与设备制造厂家签订检修合同，提供检修场地以供设备制造厂家开展设备检修工作。双方就诊断、分析运行设备问题，提供设备技术服务、成套技术解决方案等开展紧密合作；通过以上举措，工厂化检修工作顺利开展，设备检修质量可得到强有力的保障。

厂企联合检修策略的实施，促进了检修质量的持续提升，通过检修技术的深入交流，可培养一批技术骨干和技能人才。工厂化检修工作的开展，检修人员分析问题和解决问题能力整体提升显著，标准化检修工作也得到贯彻执行。

3. 废弃物环保处理策略

SF_6 气体是温室气体，对温室效应的影响约为二氧化碳的 23900 倍，且在大气中的化学性质稳定，存活寿命为 3200 年。SF_6 气体在电弧作用、火花放电和高温下将发生分解生成氟化亚硫酰（SOF_2）、氟化硫酰（SO_2F_2）、四氟一氧化硫（SOF_4）、二氧化硫（SO_2）等有毒有害副产物。SF_6 吸附剂在服役过程

中会吸附大量的 SF_6 气体有毒降解物，退役时如将其直接废弃，会对环境形成很大危害。为推动资源节约型、环境友好型电网建设，减少 SF_6 气体排放和 SF_6 吸附剂环境危害，非常有必要开展 SF_6 气体吸附剂的环保处理工作。

对设备现场报废、退役、事故检修处理等工作产生的 SF_6 气体和 SF_6 吸附剂，派专业人员进行现场回收，统一交由 SF_6 设备环保检修中心进行存放及处理。根据回收的废旧 SF_6 气体量，领用合格的 SF_6 气体，用于现场实际需要，实现了 SF_6 气体的可循环利用。现场将退役的 SF_6 吸附剂统一回收，经过 SF_6 吸附剂全智能化装置实现退役 SF_6 吸附剂快速、高效环保处理，经过处理之后的 SF_6 吸附剂可以当作一般工业垃圾处理，降低环境污染和减少深埋吸附剂工作的劳动强度。

SF_6 设备环保检修中心不仅有效支撑了工厂化检修工作，同时有效防治了环境污染，为减少温室效应和土壤污染做出积极贡献，也有效地降低生产成本，完成资源再生、重复再利用及无害化处理，实现了良好的经济与社会效益。

第二节　六氟化硫环保检修基地及信息管理系统

一、环保检修基地

环保检修基地包括变压器检修车间、断路器检修车间、试验大厅、SF_6 气体再生及吸附剂处理车间。

1. 变压器检修车间

（1）功能。变压器检修车间可对 SF_6 气体变压器、油浸式变压器开展检修工作。配备有气相干燥设备、变压法干燥设备、变压器器身装配架、线圈吊装机械、圆剪机、卧式剪板机、高真空滤油机、真空抽气机组、压力式滤油机、200t/20t 行车、280t 气垫车、电瓶叉车、曲臂高空作业车、空气除尘系统、风淋系统等设备。可进行大型单相变压器、三相变压器在车间内的大修。

（2）工艺流程。变压器检修车间设置有清洗区、装卸区、器身检修区、附件检修区、油处理区、干燥区等，满足主变进厂装卸、清洗、附件检修、组装、器身检修、干燥、油气处理等变压器工厂化检修工艺流程要求。变压器检修车间工艺流程如图 6-2 所示。

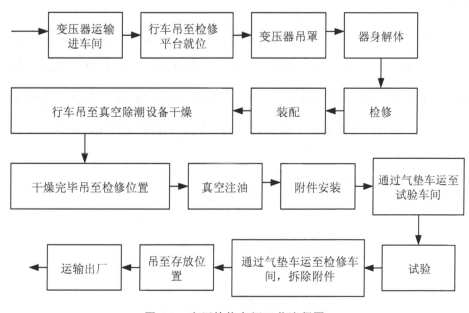

图 6-2　变压检修车间工艺流程图

2. 断路器检修车间

（1）功能。断路器检修车间配备有 SF_6 断路器断口拆卸组装平台、SF_6 断路器断口组装间、SF_6 气体回收装置、烘房、10t 行车、室内高空作业车、空气除尘系统、风淋系统等设备，可进行高压断路器在车间内的大修。

SF_6 断路器断口组装间是一个无尘、湿度小于 80% 的密闭组装间，包含通风换气装置、气体过滤装置、气体含氧量检测装置以及 SF_6 气体含量检测装置。通风换气装置能够保证 SF_6 断路器断口组装间内空气流通，将 SF_6 断路器断口组装间内 SF_6 气体排出。气体过滤装置为浓度 20%的烧碱水，可以过滤 SF_6 断路器断口组装间内 SF_6 气体的有毒有害物质，保证排放到大气中的气体为合格气体，减少大气污染。气体含氧量检测装置和 SF_6 气体含量检测装置可以实时监测 SF_6 断路器断口组装间内的空气含氧量以及 SF_6 气体含量，保证人身安全。SF_6 断路器断口组装间实现 SF_6 断路器环保组装，体现环境友好型检修基地。

（2）工艺流程。六氟化硫绝缘设备检修车间设置有装卸区、待检区、检修区、检测区、回收充气区、成品区，满足六氟化硫绝缘设备进厂装卸、摸底试验、SF_6 气体回收、设备检修、组装、干燥、试验、存放等六氟化硫绝缘设备工厂化检修工艺流程要求。断路器检修车间工艺流程如图 6-3 所示。

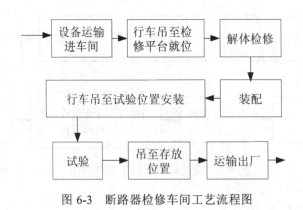

图 6-3　断路器检修车间工艺流程图

3. 试验大厅

试验大厅设置有变压器试验区、控制室、配套设备房，配备有工频耐压装置、变压器空载和负载损耗试验系统、变压器感应耐压与局放试验系统等设备，实现变压器、六氟化硫绝缘设备检修试验。

4. SF$_6$气体再生及吸附剂处理车间

SF$_6$气体再生及吸附剂处理车间可进行 SF$_6$回收气体的再生循环使用机吸附剂的环保处理。该车间 SF$_6$气体再生区设置有装卸区、称重区、气体再生区、待处理气体存放区、再生气体待检区、试验区、空瓶存放区、合格气体存放区，满足 SF$_6$气体进厂装卸、称重、再生、试验、存放等 SF$_6$气体再生工艺流程要求。吸附剂处理环保处理单独设区，保证工作的安全，如图 6-4 所示。

图 6-4　SF$_6$气体再生设备

二、工厂化环保检修信息管控软件系统的设计开发

为了解决工厂化环保检修过程中管理方式粗放、落后，审批流程和检修资料复杂烦琐，生产人员行为不受控等带来的工厂化环保检修效能低下，实施和管理困难，人为因素影响检修质量等问题。依托专业化环保检修基地硬件为基础，依据工厂化环保检修的生产计划和环保检修工艺流程为主题构架，整合各类工厂化环保检修技术标准、管理制度和安全风险控制要求，结合生产管理系

统及信息化支撑的工厂化环保检修管理系统软件,通过硬件与软件的结合实现对工厂化环保检修的全过程覆盖和闭环管理。

1. 工厂化环保检修信息管控软件系统的整体结构

(1)总体架构。管控系统总体架构如图6-5所示。

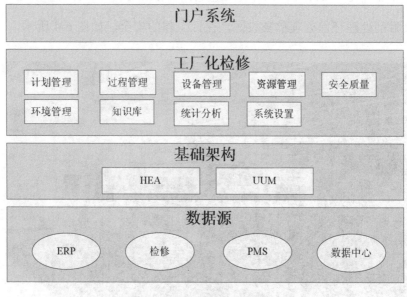

图6-5 管控系统总体架构图

(2)技术架构。管控系统技术架构,如图6-6所示。

(3)逻辑架构。逻辑架构及接口设计,如图6-7所示。

(4)信息系统实现的技术指标。

1)采用B/S的体系架构,做到客户端零配置,减轻系统维护工作。

2)充分考虑和现有各种相关业务系统的数据集成工作。

3)提供工作流管理工具,具备流程定义、流程调整、流程监控、提醒等功能。

4)具备完备、严格的应用安全体系,实现严格的权限控制。

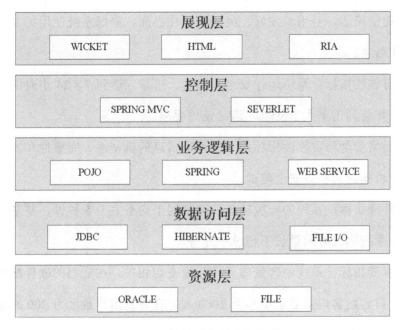

图 6-6　管控系统技术架构图

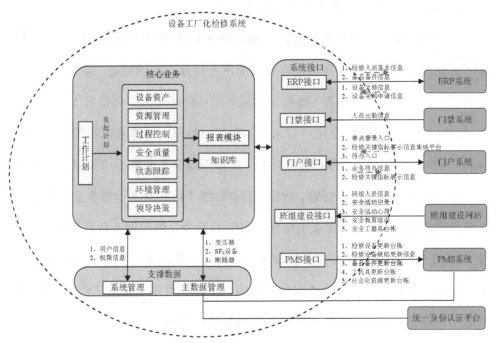

图 6-7　逻辑架构及接口设计图

5）提供简洁、易用、友好、灵活的操作界面，降低系统使用的复杂度，提高工作效率。

6）可靠性指标：系统运行安全、稳定、可靠，达到 7×24 小时的可靠运行能力，年可利用率大于 95%，满足使用要求。

7）网络安全与可靠性指标：系统保证信息的机密性、完整性和安全性，通过专业机构的第三方安全测试。

8）性能指标：系统的一般功能响应时间平均不大于 5 秒钟，复杂的统计查询页面系统响应时间最长不超过 1 分钟。

9）容量指标：系统的容量与硬件环境密切相关，在适当的硬件配置下，系统同时可容纳客户数要求不小于 2000 人，在并发用户数量为 200 时系统性能没有明显下降。

2. 工厂化环保检修管理系统的应用

工厂化环保检修管理系统实现了对整个工厂化环保检修流程的全过程信息化管理。通过对工厂化环保检修计划的网上快速、准确制定、审核和下达，简化了工厂化环保检修流程，提高了实施效率；通过对工厂化检修工单、作业票、修试记录等资料的信息化填写录入实现了对检修人员作业流程的严格管理控制，提升了设备检修质量；通过对工厂化环保检修工艺流程中关键环节的重要检修设备与管理系统进行硬、软件连接，杜绝了随意改变检修作业流程和损坏重要检修设备的问题，保证了检修过程中的安全风险控制和环保管理。通过与 PMS（生产管理系统）和其他管理软件进行数据交换，全面实现了对管理中所涉及的重要素数据进行"安全、准确、实时、有序、共享（约束性）"的信息化管理。工厂化环保检修管理系统的功能如图 6-8 所示。

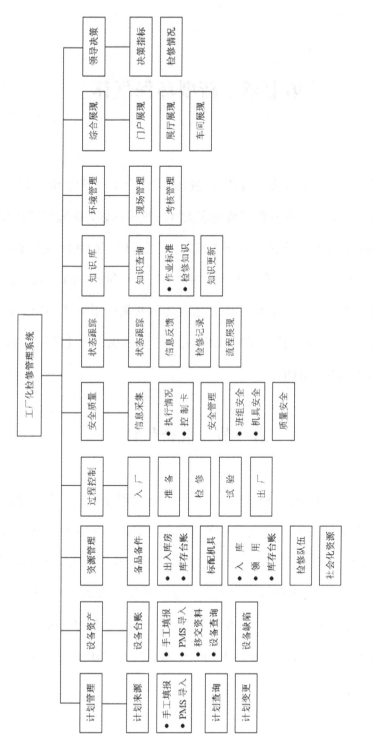

图 6-8 工厂化检修管理系统的功能图

第七章　新型环保气体

气体绝缘金属封闭设备中使用的绝缘或灭弧介质一般为 SF_6 气体。SF_6 气体电气性能优良，但存在着温室效应和大气污染等问题，研究可替代 SF_6 的新型环保气体在近年来一直是热点和难点，目前已有研究的环保气体主要有以下两类：①SF_6 混合气体，主要包括 SF_6/N_2、SF_6/CO_2 和 SF_6/CF_4 等；②SF_6 替代气体，包括干燥空气、N_2、CO_2 等常规气体和八氟环丁烷（$c-C_4F_8$）、三氟碘甲烷（CF_3I）、七氟异丁腈 [$(CF_3)_2CFCN$]、十氟异戊二酮 [$(CF_3)_2CFCOCF_3$] 等高介电强度气体（HDG）。

第一节　混合气体

混合气体不仅可减少 SF_6 的使用，还能降低液化温度，但受绝缘和灭弧性能限制，设备通常需要提高气压使用。SF_6 混合气体主要包括空气、N_2、CO_2、N_2O、CF_4 以及一些惰性气体。目前使用最多的为 SF_6/N_2 的混合气体。这种混合气体适用于绝缘，特别适合用在用气量大的气体绝缘输电管线（GIL）中。在选择混合气体比例时，一般需要综合考虑气体液化温度、绝缘性能、灭弧性能三方面因素。现 SF_6/N_2 混合气体 GIL 已成功应用在 245～550kV 线路中。

一、混合气体的特性及应用

1. 混合气体的特性

（1）SF_6/N_2混合气体具有良好的绝缘性能。研究表明，SF_6气体含量10%～20%，就可以达到适当的绝缘性能，而10%～20% SF_6气体含量从技术、生态和环境等方面考虑，用于 GIL 都是合适的。考虑电极曲率和粗糙度而引起的场强增加对设备的影响，只需适当提高压力约45%～70%，就可达到纯 SF_6 气体的绝缘强度，而且 SF_6 的用量及其漏气率将减少约 70%～85%。

（2）SF_6/N_2 混合气体具有最优良的液化特性。研究表明，在几种混合气体中，只要温度在-45℃以上，SF_6/N_2 在最高 0.8MPa 的气压下也不存在液化问题，可见 SF_6/N_2 混合气体具有最优良的液化特性。

（3）SF_6/N_2 混合气体，在有杂质存在时的击穿电压略低于具有同等绝缘强度的纯 SF_6 气体。现有的诊断装置可用于这种混合气体，但它比纯 SF_6 气体具有同等或更高的检测灵敏度。

（4）SF_6/N_2 混合气体的灭弧能力及电流开断性能均差，即使是隔离开关对母线小的充电电流的开断能力也会大大降级。先导放电通道更是经常地改变方向。先导放电分支和触头间燃弧时对地闪络的风险更大。当触头间的纵向电场突然变成横向电场，而且连续接触头的主先导产生侧向分支形成对地横向电场时，就会出现这种现象。先导阶跃比在纯 SF_6 气体中数量多，且先导阶跃变其方向的几率更大。

（5）SF_6/N_2 混合气体的稳定性和导热特性较好。导热性能越高，在相同温升下导体载流能力越大；气体导热性能与导热系数、密度、比热容等多种因素有关，导热系数越大、密度越大、比热容越小，导热性能越好。有些混合气体在放电后会产生固体产物，不利于绝缘恢复，若大量混合 N_2 或 CO_2，混合气体的导热性能约为 SF_6 的 90%。

（6）SF_6/CO_2 混合气体击穿电压较高甚至略高于纯 SF_6。CF_4 具有突出的灭弧性能，因此 SF_6/CF_4 混合气体液化温度较低且高寒环境中表现出较突出的绝缘特性。

2. SF_6/N_2 混合气体的应用

（1）SF_6/N_2 混合气体与 GIS。SF_6/N_2 混合气体可用于 GIS 中承担绝缘任务的所有部分，但不能用于需要灭弧的隔室。当纯绝缘隔室充 15% SF_6 和 85% N_2 混合气体，并将压力从 0.4MPa 升至 0.8MPa 时，在保证绝缘强度的情况下，SF_6 气体可节约 14%～36.4%，但执行开断任务的所有气室要充纯 SF_6 气体，因此在 GIS 中若用 SF_6/N_2 混合气体取代 SF_6 气体，得到的将是不甚理想的技术解决方案，而且也没有生态上的优势，但 SF_6/N_2 混合气体被证明特别适用于 GIL。所以 SF_6/N_2 混合气体可用作绝缘介质，而不适合作断路器中的灭弧介质。

（2）SF_6/N_2 混合气体与 GIL。充气输电管线（GIL）由同轴铝合金管体组成，用气量大，若用纯 SF_6 气体，费用昂贵，从环境、经济和绝缘角度看，SF_6/N_2 混合气体是个很好的替代气体。SF_6/N_2 混合气体的击穿强度与氮中 SF_6 的浓度及压力有关。从技术上讲，氮的组分至 40%，电强度几乎没有什么变化。即使 80% N_2 和 20% SF_6 的混合气体也还有纯 N_2 或空气二倍以上的电强度。所以 SF_6/N_2 混合气体可作为 GIL 的最佳绝缘气体，在 SF_6 占 20% 组分时，即混合气体为 80% N_2 和 20% SF_6，总费用可减少一半以上，对国家节能减排和实现低碳发展也具有重要意义。

3. 混合气体绝缘金属封闭开关设备的主要优缺点

（1）SF_6 混合气体作为主要绝缘介质，不存在大量的固体绝缘材料，可以减小局部放电的风险。

（2）SF_6 混合气体及高压元件密封在气箱中，提高了开关设备的环境适应能力，能够承受高海拔、严寒、潮湿、污秽等恶劣环境。

（3）采用微正压力气体绝缘，可降低气体泄漏带来的绝缘风险，即使气箱发生漏气故障，仍可在零表压时维持足够的绝缘强度，不影响环网柜的正常运行。

（4）减少 SF_6 的使用，可以提高开关设备的环保性，但同时，由于 SF_6 混合气体要保证正确的气体成分，使生产工艺较复杂，且漏气时的补气措施较困难。另外，由于混合气体中 SF_6 "被污染"，导致在生命周期结束后这些 SF_6 气体回收造成一定困难，在一定程度上也降低了环网柜的环保性。

二、SF_6/N_2 混合气体设备的检修问题

1. 微水量标准要求与测试

SF_6/N_2 混合气体设备中气体的含水量同样要受到控制。在实际运用中，在确定水分含量要求时，还要考虑电器内部是否出现高温的大功率电弧。所以，对于 SF_6/N_2 混合气体设备的微水量还应当采用纯 SF_6 气体设备的国家标准。微水量的检测方法应与纯 SF_6 气体设备的一样，可采用电解法和露点法等测量。

2. 机械特性的调整

SF_6/N_2 混合气体断路器的灭弧室结构与纯 SF_6 气体断路器的一样，但是由于在 SF_6/N_2 混合气体中的电弧直径要大于纯 SF_6 气体中的电弧，SF_6/N_2 混合气体介质的灭弧能力比纯 SF_6 气体介质有所降低，因此，拉伐尔喷管的喉部直

径、喷口上游区的长度、喷口下游扩张角以及压气室活塞的面积等都要有所改变。在断路器机械特性的测试、调整时应特别注意，一定要按照相关要求调整好行程、超程、分合闸速度等。具体测试、调整的方法应与纯 SF_6 气体断路器的一样。

3. 喷口的互换性

在断路器灭弧室中最容易被电弧烧损的部件是喷口，所以在断路器解体大修时，就要更换喷口。而每种断路器灭弧室喷口都是依据该断路器的极限开断电流大小、灭弧介质等因素设计。SF_6/N_2 混合气体介质断路器比同容量的纯 SF_6 气体断路器喷口的直径要大一些，喷口的上游区长度要短一些，喷口的下游扩张角要大一些。所以，同容量的 SF_6/N_2 混合气体断路器和纯 SF_6 气体断路器之间的喷口是不能互换的，在大修前的备品、备件准备中一定要注意。

4. 气体的回收与充气

（1）混合与充气。可以先充入 SF_6 气体至其分压力的规定值，然后再充入 N_2 气体至混合气体的最终压力值。

（2）补气。补气时可以在专用的充气设备中进行，事先将两种气体按比例混合好，再用充气装置对开关设备进行补气。

（3）回收。SF_6/N_2 混合气体介质断路器中的气体在检修时可用回收装置回收 SF_6/N_2 混合气体，待过滤掉有毒成分和水分后可用能显示 SF_6 百分比的仪表检查其混合比是否在控制范围内。

第二节　替代气体

SF_6 混合气体在绝缘电气设备的推广和使用可以一定程度减少 SF_6 气体的

使用量和排放量，但是不能彻底避免 SF_6 的使用，无法从根本上解决温室效应问题。因此，常规气体和电负性气体在电气领域中得到关注。常规气体主要为干燥空气、N_2、CO_2 以及相应的混合气体，常见的电负性气体主要为 CF_3I、c-C_4F_8、C_3F_8 和 C_2F_6 等。

一、常规气体

由于常规气体理化性质比较稳定，制备成本较低，液化温度远低于 SF_6，且有较低的温室效应，所以可以考虑作为 SF_6 的替代气体应用于气体绝缘设备中。

1. 常规气体的特性

（1）绝缘强度：在气压为 0.5MPa 下，空气的绝缘强度大于纯 N_2 和 CO_2，与 N_2/O_2（O_2 体积份数为 20%）绝缘强度相当，在 0.6MPa 下空气的绝缘强度为 SF_6/N_2（SF_6 体积份数为 5%）的 95%。

（2）开断能力：30%CO_2 混合 O_2 或 He 击穿后残余电弧的电导下降更快，开断能力明显提高。

（3）局部放电和击穿特性：空气和 N_2 在棒-板电极下，局部放电起始电压几乎相同，但空气的击穿电压大于纯 N_2。

（4）灭弧能力：CO_2 的灭弧能力优于空气，有可能替代 SF_6，但需要优化断路器的结构。

2. 常规气体与固体相结合的绝缘方式

（1）将高气压的 N_2 与固体绝缘材料结合应用在 GIS 中，不改变设备的尺寸的条件下，采用 1.0MPa N_2 与固体绝缘材料结合可以替代 0.5MPa 的 SF_6。

（2）空气、N_2 与固体复合绝缘材料在开关设备中的应用，电极添加固体涂料可以使击穿电压提高到原来的 1.5 倍。

（3）用 CO_2 与固体绝缘材料结合的方法设计并制造 72.5～31.5kV 等级的 CO_2 气体绝缘开关柜，经过测试结果满足绝缘需求。

（4）空气与硫化硅橡胶组合绝缘的击穿电压高于纯干燥空气，为组合绝缘应用于 GIS、GIL 以及 GCB 等设备提供了基本的数据支持。

3. 常规气体的局限及改进

常规气体虽然性质稳定，在部分中低压设备中作为绝缘介质可以替代 SF_6，但是气体分子吸附电子的能力远小于 SF_6，导致绝缘强度小于 SF_6 的 40%。由于常规气体的综合应用特性差，在设备中一般需提高气压至 1.0～1.5MPa 才可能满足设备绝缘要求，但过高的充气压力对设备制造和运维带来困难。如气压越高，设备的气密性越难以保证。同时需增大电气设备的尺寸，造成设备占地面积增加，经济成本也相对增加，不利于大范围的推广使用。

在常规气体中混合少量高介电强度气体可显著降低充气压力；同时，由于常规气体的大量使用，降低了高介电强度气体的分压力，使得混合气体液化温度显著降低。混合气体中的常规气体与 HDG 协同作用，解决了绝缘性能与液化温度的矛盾，同时也可替代 SF_6 的使用。

二、电负性气体

电负性气体具有物理化学性质稳定、绝缘强度高且温室效应较低的特点，所以被作为 SF_6 的替代气体应用于气体绝缘设备中。

1. CF_3I 气体的特性

CF_3I 是一种性能稳定的典型电负性气体，CF_3I 气体在理化性能、热力学性质以及电气性能方面都表现突出。

（1）电子漂移速度：纯 CF_3I 的电子漂移速度要略低于 SF_6，且纯 CF_3I 的临界场强大于纯 SF_6。

（2）传输特性：CF_3I 和 SF_6 的导热率接近，CF_3I 在传导热量和灭弧方面可以达到与 SF_6 相当的水平，纯 CF_3I 和 CF_3I 混合气体的电导率都要低于纯 SF_6，CF_3I 及其混合气体具有较强的绝缘能力，相对 SF_6 更容易抑制放电的产生和发展。

（3）击穿性能：通过在球-球间隙下施加标准雷电冲击电压，纯 CF_3I 的击穿性能是 SF_6 的 1.2 倍左右。CF_3I 的第一次沿面闪络电压是 SF_6 的 $1\sim1.2$ 倍，之后降到 SF_6 的 0.6 倍左右并保持，界面上有碘固体析出影响绝缘性能。碘的出现可能导致介电强度的下降，经过长时间多次高压击穿，CF_3I 的闪络电压下降 11%。

（4）伏秒特性：在冲击电压下 CF_3I 与 SF_6 在不同均匀度电场下，电场利用率越高，CF_3I 的伏秒特性越好；在低电场利用率下，SF_6 的伏秒特性更佳。相比 SF_6 气体，CF_3I 气体的伏秒特性受电场不均匀程度影响更严重。

2. $c\text{-}C_4F_8$ 气体的特性

（1）$c\text{-}C_4F_8$ 气体的绝缘性能：纯净的 $c\text{-}C_4F_8$ 气体在均匀电场下的绝缘性能是 SF_6 气体的 $1.18\sim1.25$ 倍，但该气体液化温度较高无法在低温高海拔地区使用。

（2）局部放电特性，纯 $c\text{-}C_4F_8$ 气体的局部放电起始电压是纯 SF_6 气体的 1.3 倍左右。

3. 其他电负性气体

C_3F_8 和 C_2F_6 等电负性气体相比，C_3F_8 绝缘性能大于 C_2F_6。C_3F_8 绝缘性能与 SF_6 相当。C_2F_6 绝缘性能低于 SF_6。CF_3I 和 $c\text{-}C_4F_8$ 绝缘性能可达到 SF_6 的 1.2

倍以上，表现出较大的替代潜力，C_3F_8 和 C_2F_6 绝缘性能略低于 SF_6，且受到气压、温度等因素的影响较大。

4. 电负性气体混合气体

由于纯电负性气体普遍具有相对较高的液化温度使得难以直接获得应用，必须与液化温度较低的缓冲气体混合使用。缓冲气体一般选择为 N_2 或 CO_2，这两种气体性质稳定，与电负性气体混合后可极大地改善液化温度性能。

（1）CF_3I/CO_2 混合气体。温度低于 10000K 的条件下，CF_3I/CO_2 的电导率随 CF_3I 增加而提升，在 7000K 左右，其热导率与 CF_3I 有关；当 CF_3I 在混合气体的质量分数高于 0.9 后，其电弧电导率下降，灭弧能力增强。

雷电冲击电压下球-球电极的 50%击穿电压，CF_3I/CO_2 中 CF_3I 含量为 60% 时，其绝缘强度可以达到纯 SF_6 水平，30%/70%的 CF_3I/CO_2 混合气体绝缘强度为纯 SF_6 的 0.75～0.8 倍，随着 CF_3I 体积分数的增加，CF_3I/CO_2 混合气体的击穿强度呈线性增长。

CF_3I/CO_2 混合气体的局部放电起始电压是相同条件下 SF_6/CO_2 的 0.9～1.1 倍，CF_3I 体积分数为 30%～70%的 CF_3I/CO_2 混合气体 PD 性能达到纯 SF_6 的 0.74 倍左右。CF_3I/CO_2 混合气体的开断性能表现出协同效应。

缓冲气体加入后 CF_3I 不仅降低液化温度，还可以抑制其分解过程，CF_3I 混合一定比例的 CO_2 后绝缘性能依然可达到 CF_3I 的水平，甚至超过相同比例下的 SF_6 混合气体。CF_3I 混合气体具有较大的应用前景。

（2）CF_3I/N_2 混合气体。用球-球电极模型模拟准均匀电场测试 CF_3I/N_2 混合气体的直流击穿绝缘特性。相同比例下，CF_3I/N_2 击穿电压比 SF_6/N_2 低，随着 CF_3I 混合比的增加，CF_3I/N_2 混合气体的直流击穿电压呈近似的线性增长趋势，而 SF_6/N_2 呈现出非线性增长趋势。30%/70%的 CF_3I/N_2 与 20%/80%的

SF_6/N_2 的绝缘性能相当。气压 0.3MPa 时 30%CF_3I 与 70%N_2 混合可以作为绝缘介质运用在绝缘要求不高的中压电力设备中。

CF_3I 体积分数为 20% 的 CF_3I/N_2 混合气体的工频局部放电起始电压达到相同条件下 SF_6/N_2 混合气体的 0.92～0.94 倍。CF_3I/N_2 混合气体协同效应不明显。

（3）c-C_4F_8 与 N_2、空气和 CO_2 混合气体。在准均匀电场下，三类 c-C_4F_8 混合气体的绝缘强度与 SF_6/N_2 接近，而在均匀电场下，甚至要高于 SF_6/N_2，且 c-C_4F_8 与 N_2、空气和 CO_2 混合均呈现协同效应。

c-C_4F_8/N_2、c-C_4F_8/CO_2 和 c-C_4F_8/CF_4 混合气体的绝缘强度随 c-C_4F_8 混合比的增加几乎呈线性增长，c-C_4F_8/N_2 与 SF_6/N_2 的工频绝缘强度相近，但 c-C_4F_8 在放电分解中会析出碳原子，降低了气体绝缘介质的绝缘性能。

（4）C_3F_8/N_2 混合气体和 C_2F_6/N_2 混合气体。C_3F_8/N_2 和 C_2F_6/N_2 混合气体的协同效应低于 SF_6/N_2 混合气体，20%C_3F_8 与 80%N_2 混合比气体表现出较好的特性。常温下 C_3F_8/N_2 具有较好的绝缘性能且远优于其他缓冲气体和 C_3F_8 的混合物，但在高温下 C_3F_8 的介电性能低于 SF_6。

三、SF_6 替代气体的局限及改进

常规气体在实际工程中取得了一些应用成果，高气压的 N_2 和空气作为绝缘介质可适用于中低压设备中，CO_2 具有一定的灭弧能力，但是开断容量有限，适用于电压等级不高的设备。

电负性气体的液化温度普遍较高，限制其使用范围，混合缓冲气体后整体的绝缘性能有不同程度的下降。目前对于电负性气体都处于研究阶段并缺乏工程实践检验。电负性气体分解之后的固体析出会一定程度上降低绝缘性能，目

前除了用特定的吸附剂解决,没有其他新的技术手段限制固体析出来保持气体的绝缘特性。

　　未来绝缘气体的使用将采用多元混合及气体固体相结合的方式,而替代气体的灭弧性能还需进一步提高。对于电负性气体及其混合气体在不同工况下,存在缺陷和微水的分解特性,还需进一步研究,探索其分解机理以及气体之间的相互作用,确保其应用于工程实践的安全性。因此,替代气体用于电气设备还需要在现有设备的结构上进行优化,以满足不同的绝缘需求。

参考文献

[1] 梁方建，王钰，王志龙，等. 六氟化硫气体在电力设备中的应用现状及问题[J]. 绝缘材料，2010，43（3）：43-46.

[2] 丁繁荣，赵学军，张敏强. 高压电气设备 SF_6 气体危害及防范措施[J]. 电网技术，2007，31（2）：26-29.

[3] 胡长诚. 国外六氟化硫提纯回收技术进展[J]. 化学推进剂与高分子材料，2002（3）：1-4.

[4] Wei Gang, Bai yichun, Cao Zhengqin, et al. Research on Environmental Protection Treatment for Ex-service SF_6 Adsorbent[J]. IEEE Access, 2020, 8(1): 93840-93849.

[5] 汲胜昌，钟理鹏，刘凯，等. SF_6 放电分解组分分析及其应用的研究现状与发展[J]. 中国电机工程学报，2015，35（9）：2318-2332.

[6] 魏钢，汪金刚，赵玉顺，等. SF_6 吸附剂热处理回收再生技术的实验研究[J]. 绝缘材料，2014，47（2）：102-105.

[7] 赵智大. 高电压技术[M]. 北京：高等教育出版社，2015.

[8] 唐炬，曾福平，梁鑫，等. 吸附剂对局部放电下 SF_6 分解特征组分的吸附研究[J]. 中国电机工程学报，2014，34（3）：486-494.

[9] Rabie M, Franck C M. Assessment of Eco-friendly Gases for Electrical Insulation to Replace the Most Potent Industrial Greenhouse Gas SF_6[J].

Environmental Science & Technology, 2018, 52(2): 369-380.

[10] 李兴文，赵虎. SF$_6$替代气体的研究进展综述[J]. 高电压技术，2016，42（6）：1695-1701.

[11] 颜湘莲，高克利，郑宇，等. SF$_6$混合气体及替代气体研究进展[J]. 电网技术，2018（6）：1837-1844.

[12] 李兴文，邓云坤，姜旭，等. 环保气体 C_4F_7N 和 $C_5F_{10}O$ 与 CO_2 混合气体的绝缘性能及其应用[J]. 高电压技术，2017，43（3）：708-714.

[13] 张晓星，田双双，肖淞，等. SF$_6$替代气体研究现状综述[J]. 电工技术学报，2018，33（12）：2883-2893.